PVC

RUNHUAJI JIQI YINGYONG

——YUANLI YU JISHU

润滑剂及其应用
——原理与技术

吴茂英　主编

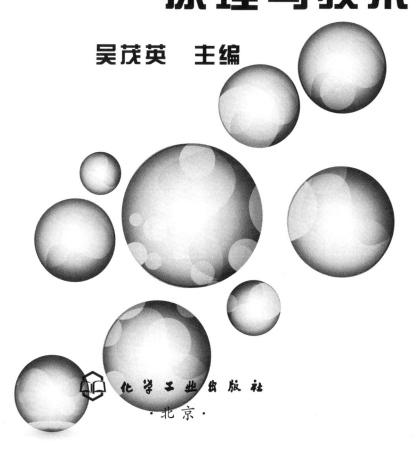

化学工业出版社

·北京·

聚氯乙烯（PVC）是产销量仅次于聚乙烯（PE）和聚丙烯（PP）的第三大宗通用塑料，而润滑剂是 PVC 加工的必需添加剂，也是应用技术最为复杂的塑料助剂之一。本书在系统阐述 PVC 润滑剂的应用原理和性能测试评价方法的基础上较全面介绍了重要单组分和复合 PVC 润滑剂品种、特性和应用技术，与此同时，还着重讨论了压析现象和配方优化技术。

　　本书力求理论原理和方法技术并重阐明 PVC 润滑剂及其应用技术，因此，不但可以作为 PVC 制品生产企业和润滑剂、热稳定剂生产企业的技术开发及服务人员的工具书，同时也可作为大专院校相关专业的教学参考书。

图书在版编目（CIP）数据

　　PVC 润滑剂及其应用——原理与技术/吴茂英主编 .
北京：化学工业出版社，2015.9
　　ISBN 978-7-122-24821-3

　　Ⅰ.①P…　Ⅱ.①吴… 　Ⅲ.①塑料-化工设备-润滑剂-研究
Ⅳ.①TQ047.1

　　中国版本图书馆 CIP 数据核字（2015）第 179519 号

责任编辑：赵卫娟　　　　　　　　装帧设计：孙远博
责任校对：边　涛

出版发行：化学工业出版社
　　　　　（北京市东城区青年湖南街 13 号　邮政编码 100011）
印　　刷：北京云浩印刷有限责任公司
装　　订：三河市骗发装订厂
710mm×1000mm　1/16　印张 9½　字数 166 千字
2016 年 1 月北京第 1 版第 1 次印刷

购书咨询：010-64518888（传真：010-64519686）
售后服务：010-64518899
网　　址：http://www.cip.com.cn
凡购买本书，如有缺损质量问题，本社销售中心负责调换。

定　　价：48.00 元

前　言

聚氯乙烯（PVC）是产销量仅次于聚乙烯（PE）和聚丙烯（PP）的第三大宗通用塑料。近年来，我国 PVC 制品产业高速发展，产品的配方、种类和加工方式日益复杂多样化，而 PVC 加工用的添加剂也同样日新月异。如何有效、合理使用添加剂不但使 PVC 制品生产企业生产技术人员日感棘手，也使添加剂生产和销售企业的技术服务人员压力日增。然而，有关 PVC 添加剂及其应用，主要只能见于一些有关 PVC 或塑料助剂的教材、手册或专论的章节，内容或偏简单或偏陈旧，明显不能适应 PVC 制品及添加剂产业发展的需要。为给热稳定剂生产和销售企业的技术服务人员做好技术服务及为 PVC 制品生产企业生产技术人员用好热稳定剂提供系统实用的指导，中国塑料加工工业协会（中塑协）塑料助剂专委会前热稳定剂分会组织编写出版了《PVC 热稳定剂及其应用技术》一书（由化学工业出版社于 2010 年出版，已获 2012 年度中国石油和化学工业优秀出版物图书奖一等奖）。在该书出版后不久，考虑到在 PVC 加工中润滑剂的应用具有并不亚于热稳定剂的复杂性和重要性，顾地科技股份有限公司的王文治高工提议进一步组织编写一本阐述 PVC 润滑剂及其应用原理和技术的专论，得到了中塑协塑料助剂专委会前热稳定剂分会的支持。

本书是已出版的《PVC 热稳定剂及其应用技术》的姐妹篇，由中塑协塑料助剂专委会施珣若副主任委员负责组织编写，吴茂英主编，王文治和施珣若参加编写。全书由吴茂英统稿和审定。在本书的编写过程中，张光博、李军、夏华亮、林强、黄海新、解洪伟、付志敏、杨飞虎、宋科明、张龙、张红兵、金春花等热情参加了有关的研讨会并提出了宝贵的意见，在此一并表示衷心感谢。需要表示感谢的还有中塑协塑料助剂专委会刘琴副秘书长，本书编写计划能得以顺利实施并完成与她认真而有效的协调工作分不开。

本书的编写广泛参考和引用了国内外有关的著作和文献资料，在此谨向参考书目及文献的所有作者致以深深的谢意。

限于作者的学识和精力，书中不妥和疏漏之处在所难免，恳请读者批评指正。

广东工业大学　吴茂英
2015 年 9 月于广州

目　录

第1章 绪论

1.1 PVC及其发展前景

1.1.1 PVC及其用途

聚氯乙烯（PVC）[CAS号：900-86-2] 可由氯乙烯单体（VCM）通过自由基聚合合成：

$$H_2C=CHCl \longrightarrow \text{[CH}_2\text{CHCl]}_n \quad (1-1)$$

商品PVC的聚合度 n 为 $625\sim2700$ 左右，重均分子量 M_w 为 $39000\sim168000$，特性黏度为 $0.51\sim1.60\text{dL/g}$，K 值为 $49\sim91$。不同分子量的PVC具有不同的用途，低分子量PVC用于注射成型薄壁零件，高分子量PVC用作软制品。

基于其独特的结构，PVC具有强度高、耐腐蚀、耐候、难燃、绝缘性好、透明性高以及与范围广泛的各种添加剂相容性好等独特性质，通过配合适当的添加剂和使用适当的工艺和设备可生产出各式各样的塑料制品，包括管材、管件、板材、型材、片材、中空瓶子等硬制品和膜、管、鞋、玩具、电线电缆料、人造革等软制品，广泛应用于工业、农业、建筑、日用品、包装、电气电力、公用事业等领域。PVC的主要用途见表1-1[1]。

表1-1 PVC的主要用途

应用行业	具体用途	
	硬PVC制品	软PVC制品
建筑	供水管及管件、污水管及管件、排水管、浴室瓷砖、壁板、吊顶、门窗、水槽和下水管、自动喷水灭火系统、电器箱、电气导管、烟雾警报器、仿木修剪草坪边饰、外墙和屋面等	窗户、窗帘、卫生间挡板、地板、地毯背衬和泡沫背衬、马桶座、铁丝栅栏涂层、电线绝缘层、电缆护套、墙面装饰、墙保险杠防护装置、草坪边饰等
包装	瓶子、吸塑包装材料、防静电电子封装材料等	肉包装纸、热塑包装纸等
电器和机器	洗衣机、烘干机、洗碗机、制冰机、恒温器、插座箱、计算机、打印机、卫星电视天线塑料件等	冰箱门封条、电线绝缘皮、电话线、软管等

应用行业	具体用途	
	硬 PVC 制品	软 PVC 制品
医疗和安全	配件、过滤器、药水瓶、洗眼装置等	血袋、静脉注射管、氧气面罩和帐篷、护目镜、手套、围裙等
汽车	手套箱、旋钮等	仪表板、涂层织物、把手、电线绝缘皮、地板垫、面板、转向轮、密封条等
农业	灌溉管、排水管、管件、球阀等	薄膜、水带、软管等
其他	桌边、订书机、家具、海堤、标志、灯具等	钓鱼用人造虫子、草坪椅子、房间间隔、公文包、笔记本、鞋底、雨衣、桌布、浴帘、池塘衬垫等

2010 年欧洲 PVC 塑料产量按应用行业和制品类型的分布[2]见图 1-1。

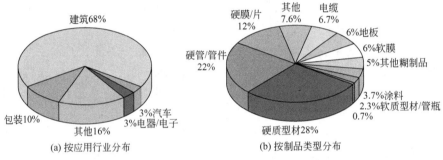

图 1-1　2010 年欧洲 PVC 塑料产量分布

1.1.2　PVC 的历史回顾

PVC 的历史可追溯到近 180 年前的 1835 年；大概 80 年后，人们看到了这种高分子材料的工业价值，再过大概 15 年，即 20 世纪 30 年代初，PVC 实现了商业化。与 PVC 相关的重要历史事件[3]见表 1-2。

表 1-2　PVC 相关重要历史事件

年份	重要事件
1835 年	Liebig 和 Regnault 发现氯乙烯(VC)
1878 年	Baumann 观察到 VC 的光诱导聚合作用
1912 年	Zacharias 和 Klatte 通过 HCl 与乙炔的加成反应得到 VC
1913 年	Klatte 用有机过氧化物使 VC 发生了聚合
1926 年	Griesheim-Elektron 公司终止了其有关 PVC 的专利权,这为其他公司的参与开启了方便之门

续表

年份	重要事件
1928 年	Union Carbide 和 DuPont 公司实现了 VC 与醋酸乙烯酯共聚
1930 年	IG-Ludwigshafen 公司实现了 VC 与乙烯醚和丙烯酸酯共聚 实现了 VC 的乳液聚合 发现了可用碱金属盐稳定 PVC Fikentscher 提出可用 K 值表征 PVC
1932 年	IG-Bitterfeld 公司实现 PVC 氯化
1933 年	Semon 发现可用邻苯二甲酸酯和磷酸酯作为 PVC 增塑剂
1934 年	Wacker 实现 VC 的悬浮聚合 Bitterfeld 公司开办了一家 PVC 导向器工厂（600 吨/年） Union Carbide 公司的 Frazier Groff 发现可用碱土金属皂稳定 PVC Carbide & Carbon Chemicals 公司使用铅盐作为 PVC 热稳定剂
1936 年	Union Carbide 公司制造出 PVC Carbide & Carbon Chemicals 公司使用 Goodrich 公司的二烷基锡皂作为 PVC 热稳定剂
1947 年	发现钡、镉、钙和锌皂的协同作用
1962 年	Rhone-Poulenc 公司的 St. Gobain 和 Pechiney 实现了在两级反应器中使 VC 本体聚合（1975 年，实现了在单级反应器中聚合）

想了解更具体的 PVC 发展史，可参阅文献 [4,5]。

1.1.3　PVC 的产销状况

PVC 的工业化生产始于 20 世纪 20 年代末，产品为 VC 与乙烯醚和丙烯酸酯共聚物。在此之前，由于加工性差又未找到有效的稳定剂，PVC 的发展受阻。在 1930～1936 年间，美国的 Union Carbide 和德国在 Bitterfeld 的 IG Farben 公司实现了年产量为几百吨的均聚 PVC 工业化生产。从此，PVC 开始稳步增长。世界 PVC 产能和消费的增长情况[3]见表 1-3。

表 1-3　世界 PVC 产能和消费的增长

年份	产能/(kt/年)	消费/kt
1939 年	—	11
1950 年	—	220
1960 年	2000	1100
1970 年	7000	6600
1980 年	18000	11000
1993 年	24700	19200
1998 年	27700	24000
2000 年	31000	25700

目前，PVC 是仅次于聚乙烯（PE）和聚丙烯（PP）的第三大类塑料。有关的预测都指出，PVC 和其他塑料材料将会呈现继续增长的趋势。1990年后世界塑料需求[2]见表 1-4。

表 1-4　世界塑料需求

塑料品种	需求/10^6 t				2009～2015年年均增长率/%
	1990 年	2009 年	2010 年	2015 年	
低密度聚乙烯（LDPE）线型低密度聚乙烯（LLDPE）	18.8	39.0	40.3	47.9	3.5
高密度聚乙烯（HDPE）	11.9	31.0	32.2	40.4	4.5
聚丙烯（PP）	12.9	46.0	48.1	61.6	5.0
聚氯乙烯（PVC）	17.7	32.5	34.8	43.6	5.0
聚苯乙烯（PS）	7.2	10.0	10.8	12.7	4.0
可发聚苯乙烯（EPS）	1.7	4.8	5.2	6.4	5.0
丙烯腈-丁二烯-苯乙烯共聚物（ABS）丙烯酸酯-苯乙烯-丙烯腈共聚物（ASA）苯乙烯-丙烯腈共聚物（SNA）	2.8	7.9	8.5	11.2	6.0
聚酰胺（PA）	1.0	2.3	2.6	3.3	6.0
聚碳酸酯（PC）	0.5	3.0	3.5	4.5	7.0
聚对苯二甲酸乙二醇酯（PET）	1.7	14.8	15.5	19.8	5.0
聚氨酯（PUR）	4.6	11.3	11.9	15.1	5.0
其他热塑性塑料	2.8	7.4	8.3	10.5	6.0
合计	83.6	210	约 222	约 277	4.7

2009 年世界 PVC 产能和消费的地区分布[6]见图 1-2。

由图 1-2 可见，中国已成为世界头号 PVC 产销大国。

1.1.4　PVC 的发展前景

PVC 的发展曾因其可能对环境和健康有严重危害而受到影响。但是，近年来的大量调查研究表明，PVC 对环境和健康的危害，如二噁英、酸雨、重金属及 DOP 环境荷尔蒙危害，并没有像曾经指出的那么严重，而更客观的情况可能是，PVC 实际上比其他替代物对环境和健康更无害。

氯的任何利用，包括 PVC 的生产和应用，都曾受到一些环境组织的攻击。他们试图叫停许多相关行业，其理由是，包括 PVC 在内的含氯化学品是二噁英污染的根源。然而，根据 Summers[1]的介绍，含氯化合物实际上

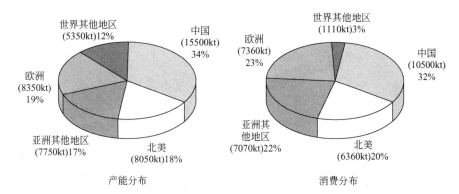

图 1-2　2009 年世界 PVC 产能和消费地区分布

无所不在，在人类诞生之前就已存在。这是因为，包括二噁英和呋喃类化合物在内的有机氯化合物，可由燃烧木材和其他植物质产生，也是森林火灾的自然副产物。已有研究指出，在湖泊沉积物中发现的二噁英和呋喃类化合物可追溯至 1860 年[7]；从格陵兰岛冰核中提取的样品含有可追溯到 1869 年的氯[8]。注意到自然界广泛存在大量含氯化合物，就可明白，试图通过禁产氯产品以消除环境中的含氯化合物不仅是于事无补和代价高昂的，而且会让世界失去对社会健康和福祉很重要的好几百种产品，并可能还使环境变得更糟。

有关的研究已指出，PVC 工业并不是二噁英的主要来源，而且由 PVC 工业释放的二噁英还在不断降低[9]。Kulkarni 等[10]已对二噁英类化合物来源进行了综述。美国二噁英类化合物的来源见表 1-5。

表 1-5　美国二噁英类化合物的来源

来源	排放量/毒性单位(TEQ)		
	1987 年	1995 年	1987～1995 年减排/%
城市固体垃圾焚化(大气)	8877	1250	86
庭院废桶燃烧(大气)	604	628	−4
医疗废弃物焚化(大气)	2590	488	81
二次铜精炼厂(大气)	983	271	72
水泥窑(有害废弃物燃烧)(大气)	117.8	156.1	−33
污水污泥(土地再利用)(土地)	76.6	76.6	0
住宅木材燃烧(大气)	89.6	62.8	30
燃煤炉(大气)	50.8	60.1	−18
柴油卡车(大气)	27.8	35.5	−28
二次铝精炼厂(大气)	16.3	29.1	−79

续表

来源	排放量/毒性单位（TEQ）		
	1987 年	1995 年	1987~1995 年减排/%
2.4D 系列除草剂（土地）	33.4	28.9	13
铁矿石燃烧炉（大气）	32.7	28	14
工业木柴燃烧（大气）	26.4	27.6	-5
漂白纸浆和造纸厂（水中）	356	19.5	95
水泥窑（无害废弃物燃烧）	13.7	17.8	-30
污水污泥焚化炉（大气）	6.1	14.8	-143
二氯乙烯或氯乙烯（大气）	未知	11.2	不可知
燃油工厂（大气）	17.8	10.7	40
火葬场（大气）	5.5	9.1	-65
无铅汽油车（大气）	3.6	5.6	56
有害废弃物焚化炉（大气）	5	5.8	-16
少量农业窑（有害废弃物）（大气）	2.4	3.3	-38
商业污水污泥（土地）	2.6	2.6	0
造纸黑液锅炉（大气）	2	2.3	-15
汽油精炼再生催化剂（大气）	2.24	2.21	1
含铅汽油车（大气）	37.5	2	95
二次铅精炼厂（大气）	1.29	1.72	-33
造纸污泥（土地）	14.1	1.4	90
香烟烟雾（大气）	1	0.8	20
二氯乙烯或氯乙烯（土地）	未知	0.73	不可知
原铜（大气）	0.5	0.5	0
二氯乙烯或氯乙烯（水中）	未知	0.43	不可知
锅炉或工业用电炉（大气）	0.78	0.39	50
废轮胎燃烧（大气）	0.11	0.11	0
鼓的回收（大气）	0.1	0.1	0
活性炭再生炉（大气）	0.08	0.06	25
合计	13998	3255	77

氯乙烯（VC）单体的生产过程会产生一种称为"重副产品"的高分子量副产物，其中含二噁英类化合物，但含量一般在 10^{-9} 级，而且可以消除且不会向环境排放。与 PVC 有关的二噁英排放如果存在的话，主要来源于焚烧或废水。但是，由美国机械工程师协会资助的一项研究分析了遍及全世界的 115 套大规模商业焚烧装置的超过 1700 个测试结果，发现燃烧排放的二噁英与废料的氯含量不存在相关性。相反，该研究指出，燃烧器的操作

条件是二噁英形成的关键影响因素[11]。这项研究证实了其他一些相关研究，包括美国纽约政府能源和发展局在 1987 年进行的研究的结果。这些研究均显示，PVC 的存在与否对焚烧过程产生的二噁英量无影响[12]。

有关的研究业已表明，PVC 也不是酸雨的主要来源。这是因为焚烧炉洗涤系统可以清除焚烧 PVC 塑料和其他含氯化合物或材料所产生氯化氢的约 99%[13]。市政焚烧炉通常被认为是酸雨的主要原因。但实际上，由火力发电厂燃烧化石燃料产生的二氧化硫和氮氧化物以及汽车尾气才是酸雨的真正原因[14,15]。有研究显示，在欧洲和日本的酸雨中，只有 0.02% 可归因于 PVC 焚烧[16]。

另外，欧洲聚氯乙烯制品委员会的实验研究证明，废弃 PVC 制品不容易分解，即便有一定数量的增塑剂和稳定剂能释放到土壤中，但其释放量极有限，对环境不会造成危害。

还有一点也值得注意，因为氯原子作为标识使其可以由机器从其他类型塑料中自动分离，PVC 较易回收利用。

因此，一些环境学家正在以新的眼光看待 PVC，因为生产和加工 PVC 的能耗比其替代物要低 40% 左右，有利于降低"温室效应"。英国学者约翰·爱克尔顿就说："由于有利于节约能源，PVC 有可能作为环境友好材料在 21 世纪再度兴起"[17]。

近年，对 PVC 从防止气候变暖、资源有效利用等视角进行了重新评价，结果表明 PVC 材料的科学、合理利用，是符合低碳经济原则的，也是对循环型社会建设有贡献而需发展的品种之一。首先，与 PE、PP、PS 等塑料相比，PVC 焚烧 CO_2 排放少，见表 1-6（CO_2 发生量是完成燃烧时经碳换算的发生量）。

表 1-6　常用塑料的 CO_2 排放比较

塑料	CO_2 发生量/kg·kg^{-1}	比率（以 PVC 为 1）
PVC	0.38	1
PE	0.85	2.24
PP	0.85	2.24
PS	0.93	2.45

其次，与 PE、PS、PET 相比，PVC 制造时，能源消耗也少，见表 1-7。

同样重要的是，PVC 分子中氯含量高达 57%，这意味着，与 100% 以石油为原料的其他通用树脂相比，发展 PVC 给石油等化石燃料资源造成的负荷要减少一半以上。

表 1-7　常用塑料生产能源消耗

材料	制造能耗/MJ·kg⁻¹	比率(以 PVC 为 1)
PVC	55	1
PE-LD	74	1.35
PE-LLD	92	1.67
PE-ULD	79	1.43
PS-HI	94	1.71
PET	113	2.05

综上所述，并考虑到其广泛而重要的用途，可以预期，如果能够有效解决热稳定剂及其他添加剂的环保化问题，PVC 还将具有广阔的发展前景。

1.2　PVC 润滑剂及其发展趋势

1.2.1　PVC 润滑剂的功用

PVC 虽然性质独特因而其塑料制品应用广泛，但 PVC 却是一种很难加工的高分子材料。这是因为 PVC 不但对热不稳定，在通常的热塑加工温度下即降解，而且由于极性较强，其各层级结构单元（包括各层级粒子和分子）以及它们与加工设备金属表面间均具有较强的相互作用和摩擦力，因此还存在熔体黏度高、物料剪切摩擦生热大、熔体对加工设备金属表面黏附严重等加工性问题。熔体黏度高导致 PVC 加工要在较高温度下才能进行，但是 PVC 无法承受这样的高温；物料摩擦生热大会导致物料降解；熔体对金属表面黏附严重也会导致物料局部滞留降解并造成制品难于脱模。

因此，要对 PVC 进行热塑加工，除必须使用"热稳定剂"外，还必须使用"润滑剂"。PVC 润滑剂的基本作用就在于降低 PVC 各层级结构单元（包括各层级粒子和分子）以及它们与加工设备金属表面间的相互作用和摩擦力，从而实现降低熔体黏度、减少物料剪切摩擦生热、减轻熔体对加工设备金属表面黏附等基本润滑效果。

基于以上基本润滑效果，在 PVC 加工中合理使用润滑剂还可收到以下延伸功效：抑制物料降解、调节树脂塑化和熔体流动行为、消除熔体破裂、使熔体或制件易于脱模、减轻设备磨损、提高加工生产速率、降低加工动力消耗、优化制品力学性质、改进制品表面质量、提高制品表面爽滑性、赋予制品防雾和抗静电性等（详见第 2 章）。

1.2.2 PVC 润滑剂的发展进程

PVC 润滑剂的发展进程与热稳定剂类似，经历了三个基本的历史阶段：初期发明阶段、优化阶段和成熟阶段[18]。

初级的发明阶段发生在 20 世纪 20 年代中期到 20 世纪 50 年代初期。在这一阶段，人们通过大量反复试验，对无数物质作为 PVC 润滑剂的可能性进行了测试评价，结果在 20 世纪 50 年代初期确认了有三类化合物对 PVC 具有有效的润滑作用，它们分别是：脂肪酸及其衍生物、烃蜡类化合物和金属皂。

优化阶段从 20 世纪 50 年代初期到 20 世纪 70 年代。在此阶段，PVC 工业进入了产品急剧发展和快速增长的时期，从而推动了 PVC 润滑剂的发展，促进了润滑剂产品的优化。研发重点从发现新品种转移到优化现有产品的应用，即通过配方和用量优化设计以实现润滑剂的高性价比应用，并满足大量用户各不相同的特殊要求和偏好。这是一个快速增长的竞争时期，促成了润滑剂产品性价比的不断提高。

20 世纪 70 年代中期以后，随着 PVC 润滑剂进入成熟阶段，研发的焦点又转移了。这一发展是由声势日趋高涨的绿色运动和行业对更廉价、性能更好、使用更安全和便利的化学添加剂的持续需求所推进的。这一阶段的标志性成果是出现了经优化设计的热稳定剂——润滑剂"一包化"产品。

1.2.3 PVC 润滑剂的市场需求

据统计，2003 年全球的 PVC 消费量约为 28000kt，润滑剂的消耗量约为 300kt，即润滑剂的平均用量约为 1.07%。全球 PVC 润滑剂市场需求及其变化趋势的系统统计数据未见报道。但是，由于总体上 PVC 配方中润滑剂的平均用量变化不大，全球 PVC 润滑剂市场需求及其变化趋势的大致情况应可根据 PVC 的市场需求及其变化趋势估算，见表 1-8。

表 1-8 全球 PVC 润滑剂市场需求及其变化趋势估算

年份	PVC 消费/kt	估算润滑剂消费/kt
1939 年	11	0.1
1950 年	220	2.4

续表

年份	PVC 消费/kt	估算润滑剂消费/kt
1960 年	1100	11.8
1970 年	6600	70.6
1980 年	11000	117.7
1993 年	19200	205.4
1998 年	24000	256.8
2000 年	25700	275.0
2003 年	28000	300.0
2009 年	32500	347.8
2015 年	43600	466.5

1.2.4　PVC 润滑剂的发展趋势

如前所述，PVC 有可能作为环境友好材料在 21 世纪再度兴起。显然，作为 PVC 加工必需添加剂的润滑剂也将有同样的发展前景。但是，根据欧盟已取得的最新研究结果[18]，必须落实以下 5 项可持续性措施，PVC 产业才能可持续发展。

（1）长期保持碳平衡。

（2）长期运行 PVC 废弃物管理的受控回路系统。

（3）长期保证全生命周期持久性有机物排放不会导致自然界浓度系统性升高。

（4）使用全面符合可持续发展要求的添加剂。

（5）提高整个行业的可持续发展意识，并使所有相关方都参与目标的实现。

这就意味着，在现有的热稳定剂体系（铅基、镉基、有机锡基、锑基、锌基和有机基热稳定剂）中，只有锌基和有机基热稳定剂基本符合可持续发展条件并可能进一步发展成为完全可持续发展体系[19,20]。

显然，PVC 润滑剂必须适应 PVC 可持续发展的需要。因此，可以预测，PVC 润滑剂将呈现以下主要发展趋势。

（1）不符合可持续发展要求的润滑剂将退出市场。

（2）锌基和有机基热稳定剂的配套润滑剂将加速发展。

（3）新型高性价比润滑剂及其生产技术的研发将引起关注。

参 考 文 献

[1]　Summers J W. A review of vinyl technology. J Vinyl Addit technol，1997，3（2）：130-139.

［2］　VinylPlus. Everything about PVC from Manufacturing to Recyling. 2012.

［3］　Braun D. PVC on the Way from the 19th Century to the 21 Century. J Polym Sci：Polym Chem，2004，42：578-586.

［4］　Kaufman M. The History of PVC. London：Maclaren，1969.

［5］　威尔克斯 C E，萨默斯 J W，丹尼尔斯 C A. 聚氯乙烯手册. 乔辉，丁筠，盛平厚等译. 北京：化学工业出版社，2008.5-10.

［6］　Ertl J，Eiben A，Prossforf W，et al. Poly（vinyl chloride）（PVC）. Kunststoffe International，2010，100（10）：45-48.

［7］　R. M. Smith，O'Keefe P，Aldous K，et al，Measurement of PCDFs and PCDDs in air samples and lake sediments at several locations in upstate New York. Chemosphere，1992，25（1-2），95-98.

［8］　Mayewski P A，Lyons W B，Spencer M J，et al. Sulfate and nitrate concentrations from a South Greenland ice core. Science，1986，232：975-977.

［9］　威尔克斯 C E，萨默斯 J W，丹尼尔斯 C A. 聚氯乙烯手册. 乔辉，丁筠，盛平厚等译. 北京：化学工业出版社，2008.500-502.

［10］　Kulkarni P S，Crespo J G，Afonso C A M. Dioxins sources and current remediation technologies——A review. Environment International，2008，3：139-153.

［11］　Rigo H G，Chandler A J，Lanier W S. The Relationship between chlorine in waste streams and dioxin emissions from waste combustor stacks，in CRTD，New York：The American Society of Mechanical Engineers，1995，Vol 36.

［12］　Results of the combustion and emissions research project at the vicon incinerator facility in Pittsfield，Massachusetts. Midwest Research Institute for the New York State Energy Research and Development Authority，1987.

［13］　Air Emission Tests at Commerce Refuse to Energy Facility. in Test results，Energy Systems Associates，Pittsburgh，1987. Vol 1.

［14］　Kreisher K R. PVC is a Good Bet to Survive Its Global Environmental Travails. Modern Plastics，1990，67（6）：60.

［15］　Magee R S. Plastics in Municipal Solid Waste Incineration：A Literature Study. Hazardous Substance Management Research Center，New Jersey Institute of Technology.

［16］　Lightowlers P，Cape J N. Does PVC Waste Incineration Contribute to Acid Rain? Chemistry & Industry，1987，（11）：390-393.

［17］　廖正品. 我国 PVC 加工行业的发展状态与趋势. 聚氯乙烯，2001，（3）：36-42，54.

［18］　Leadbitter J. PVC and sustainability. Prog Polym Sci，2002，27：2197-2226.

［19］　Sederel L C，Hebrard M，B Cora，et al. A Strategic Approach Towards Sustainability for Vinyl Additives. 10th Intern PVC Conference，Brighton，2008.

［20］　Schiller M，Everard M. Metals in PVC stabilization considered under the aspect of sustainability - one vision. J Vinyl Addit technol，2013，19（2）：73-85.

第2章
PVC 润滑剂应用原理基础

在 PVC 塑料加工中，润滑剂调控物料的加工性并因此也调控最终制品的结构，从而使加工能在给定材料和设备条件下以最高综合效益（能耗、物耗最低，产量最高因而成本最低）顺利进行并生产出质量符合要求的最终制品，其重要性不言而喻。然而，怀特在 1977 年出版的由纳斯主编的《聚氯乙烯大全》第二卷第十三章"润滑剂"的导言中却指出："……由此看来，在我们目前所能达到的认识水平上，润滑剂的选择与其说是一门科学，倒不如说是一种技艺"。PVC 塑料制品的加工生产已在 20 世纪 30 年代工业化，为什么作为必需添加剂的润滑剂的选用到 70 年代还处于这样的状态呢？而现状又是如何呢？笔者最终通过系统调研原始研究文献找到了比较清楚的答案：①已经几十年工业化应用，PVC 润滑剂的选用还处于怀特所指出的状态的原因应该在于，直到 20 世纪 60 年代末，基于 Berens 和 Folt[1] 及 Collins 和 Krier[2] 的开创性研究成果（熔体粒子流动机理），人们才对 PVC 的独特加工特性有所理解，并逐步弄清导致 PVC 具有独特加工性质的特殊结构依据；②以 Berens 和 Folt[1] 及 Collins 和 Krier[2] 的研究成果为基础，又经几十年的研究积累，目前 PVC 润滑剂的应用已经有了虽不能说完善但可以说比较清晰的原理依据。本章尝试依据已有的研究成果，整理并建立一个 PVC 润滑剂的应用原理体系。本章的内容包括三个部分：①PVC 的结构特征；②PVC 的加工特性；③PVC 润滑剂应用原理基础。之所以这么安排是因为，PVC 润滑剂的作用在于调控 PVC 的加工性并因此也调控最终制品的结构和质量，而 PVC 的加工特性是其内在结构的一种外在表现形式，要阐明核心内容"PVC 润滑剂应用原理基础"，必须首先说清楚"PVC 的结构特征"和"PVC 的加工特性"。

2.1 PVC 的结构特征

2.1.1 PVC 的分子结构

聚氯乙烯（PVC）是由氯乙烯单体（VCM）通过自由基聚合反应得到

的，具体反应式见第 1 章。

氯乙烯单体是无色液体，沸点为－13℃。

随着聚氯乙烯自由基链增长，聚合主要通过单体单元头-尾连接的方式进行。因此，PVC 高分子链主要由—CH_2—单元和—CHCl—单元交替连接构成。

商品 PVC 的聚合度 n（所含 VCM 的数量）为 625～2700。PVC 的分子量可通过调整聚合温度加以控制。聚合温度越高，分子量越低。正常的商业聚合温度为 50～70℃。聚合温度低于 50℃，反应速率太低，而产物 PVC 的分子量对于大多数加工需求而言通常又太高；聚合温度低于 70℃，反应压力会变得太高[3]。

2.1.2　PVC 的立体规整性

当一个氯乙烯单体加接到一个 PVC 增长链时，它可以采取两种不同的空间取向，所形成的结构具有不同的立体规整性：等规（全同）立构（isotactic）和间规立构（syndiotactic）：

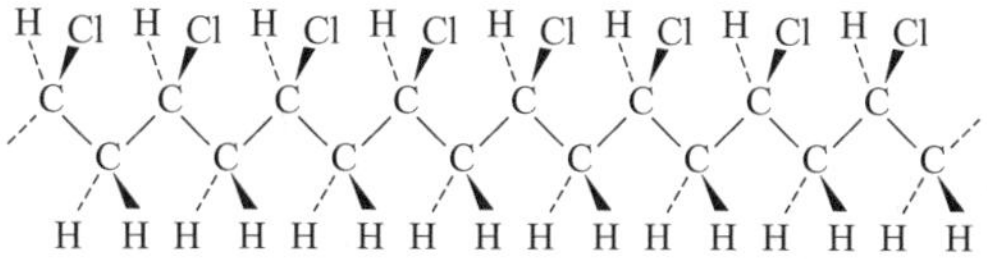

等规立构PVC

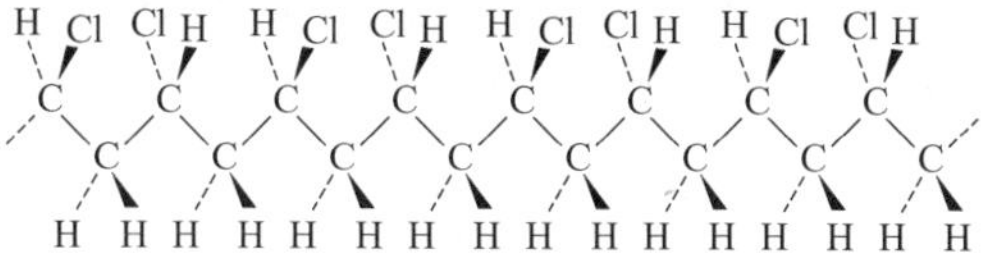

间规立构PVC

在等规立构结构中，相邻氯原子指向碳原子平面的同侧；在间规立构结构中，相邻氯原子指向碳原子平面的对侧。值得注意的是，间规立构 PVC 能够结晶，而这对理解 PVC 的加工特性和制品性质极为重要[4]。

氯乙烯单体聚合的空间取向是近乎随机的，因此，PVC 基本上是一种无规立构聚合物。如果氯乙烯单体聚合的空间取向是完全随机的，那么可以预测，在 PVC 中 n 个相互连接链节排列成间规立构结构的概率为 $(50\%)^{n-1}$。即，2 个相互连接链节排列成间规立构结构的概率为 50%，3 个相互连接链节排列成间规立构结构的概率减小为 25%。实际测定表明，在较低聚合温度下，PVC 中间规立构结构的比例略大于理论值，且随聚合温度的降低而提高，聚合温度为 70℃时，2 链节间规立构结构约占 52%，聚合温度为 50℃时，约为 56%[3,4]。

2.1.3 PVC 的结晶性

根据有关的研究结果，PVC 总体上是一种无定形聚合物，但同时也存在少量由间规立构链段构建的微晶（crystallite），结晶度通常小于 10％[5,6]。Summers[7] 已清晰描绘了 PVC 中微晶的结构及其平均尺寸，如图 2-1 所示。一个具有平均尺寸的 PVC 微晶相当于将约 8 个 3 链节间规立构链段装配成束。

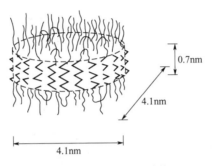

0.7nm

4.1nm

4.1nm

图 2-1 PVC 微晶的结构

值得注意的是，PVC 中微晶的尺寸和结构完善度相差很大，因此，PVC 的熔点范围较宽，约为 120～250℃[6]。

2.1.4 PVC 树脂颗粒形态

商品 PVC 树脂大多数是悬浮聚合产品，少量是通过乳液和本体聚合合成的。在聚合过程形成的树脂颗粒（grain）的形态强烈影响其加工性和制品物理性质。

2.1.4.1 悬浮聚合树脂

悬浮聚合是生产普通硬质和软质制品用 PVC 树脂的最重要工艺。在 PVC 的悬浮聚合过程中，单体在含有分散剂（如聚乙烯醇）的水中被搅拌分散为 30～150μm 直径的液滴悬浮于水中，见图 2-2。

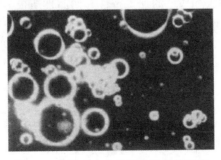

图 2-2 分散在水中的氯乙烯单体液滴

在水/单体界面，聚氯乙烯与分散剂接枝形成一层厚度为 $0.01 \sim 0.02\mu m$ 的共聚物薄膜（membrance）[8]。这稳定了液滴，避免了其过分聚集。在聚合的初期，PVC 粒子同时从单体和水两侧沉积到界面膜上，形成 $0.5 \sim 5\mu m$ 的皮层（skin）[8,9]。$1\mu m$ 直径的初级粒子从单体侧沉积到界面膜上，而 $0.1\mu m$ 直径的水相聚合物从界面膜的水侧沉积到皮层上[9]。这些结构域（domain）大小的水相粒子可能是已观察到的结构域结构的来源之一[10]。

对于悬浮和本体聚合，在转化率小于 2% 时，PVC 即从其单体中沉淀出来，形成直径略小于 $1\mu m$ 的初级粒子（primary particle）[8,10~13]，见图 2-3。

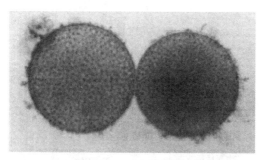

图 2-3　已出现沉淀 PVC 的低转化率单体液滴

这种聚合物在其单体中不溶的现象在聚合物世界是罕见的，它赋予了 PVC 一些其他聚合物所不可能具有的独特性质。当转化率大于 2% 时，这些初级粒子会略有团聚。

悬浮聚合最终形成的 PVC 树脂颗粒为外形不规则的多孔粒子，粒径约为 $150\mu m$，切开 PVC 树脂颗粒可以看到直径约为 $1\mu m$ 的初级粒子和直径约为 $3 \sim 10\mu m$ 的初级粒子团聚体[8,10,14]，见图 2-4。

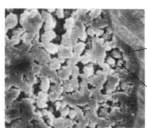

树脂颗粒
直径约 150μm

皮层
厚度 2～5μm

初级粒子
直径约 1μm

图 2-4　由单体液滴形成的悬浮 PVC 颗粒（左）
和可见皮层及初级粒子的横切面（右）

PVC 初级粒子还包含更小的内部结构。由电子显微镜可以观察到直径为 $0.1\mu m$ 的结构域（domain）[15~17]。正如前面已经提到，在水相中聚合并沉积在皮层上的 PVC 可能是结构域大小结构的来源。

X 射线数据显示还存在尺寸更小，间距（spacing）约为 $0.01\mu m$ 的微结构域（microdomain）结构[18~20]。这些结果表明，PVC 的结构是由间距约为 $0.01\mu m$ 的微晶通过无定形分子连接在一起构建而成的。

2.1.4.2 乳液聚合树脂

乳液聚合 PVC 树脂主要用于增塑糊或增塑溶胶（由乳液聚合 PVC 树脂分散在增塑剂中形成的分散体）。乳液聚合工艺与悬浮聚合工艺相似，不同之处在于用乳化剂（如十二烷基硫酸钠）代替分散剂，反应体系形成了乳液，单体被分隔在由乳化剂形成的胶束中。由乳液聚合得到的原生 PVC 树脂颗粒为无孔的球形粒子，粒径范围为 $0.2\sim1.2\mu m$，粒径分布非常窄。平均粒径约 $0.3\mu m$[21] 的乳液聚合原生 PVC 树脂颗粒见图 2-5。

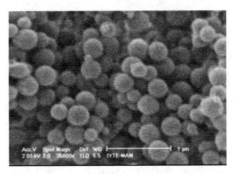

图 2-5　平均粒径约 $0.3\mu m$ 的
乳液聚合原生 PVC 树脂颗粒

由乳液聚合得到的胶乳干燥得到的糊树脂包含原生 PVC 树脂颗粒及其团聚体。

2.1.4.3 本体聚合树脂

本体聚合 PVC 树脂具有与悬浮聚合树脂相似的粒径、空隙率和微结构，因此用途也相似。本体聚合工艺与悬浮聚合工艺的不同在于以液体氯乙烯单体而不以水作为反应介质。不像悬浮树脂颗粒，本体聚合 PVC 树脂颗粒不含任何残留分散剂，同时也不存在皮膜。因此，理论上，本体 PVC 树脂更为纯净（可制成透明性更高的制品）且更容易吸收增塑剂形成干混料。然而，本体聚合工艺存在一些实际问题限制了其应用。该工艺产生大量微细颗粒，而这些微细颗粒又难于与其余部分分离。另外，从本体树脂中去除残留氯乙烯单体也比悬浮树脂更难。

图 2-6 所示为本体 PVC 树脂颗粒的外形（左）和可见初级粒子的断裂面（右）[22]。

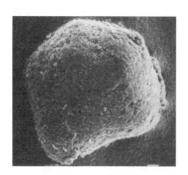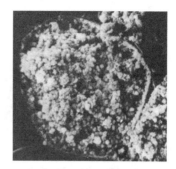

图 2-6　本体 PVC 树脂颗粒的外形（左）和可见初级粒子的断裂面（右）

2.1.5　PVC 的层级结构

如上所述，PVC 树脂颗粒具有叠层构建的层级结构。这一独特层级结构是 PVC 显示独特性质的重要内在原因。各层级结构对于 PVC 的性质均有重要影响并且是相互关联的。表 2-1 总结了 PVC 的层级结构[4,23,24]。

表 2-1　PVC 形态学概要

结构单元	尺寸	说明
单体液滴	直径 30～150μm	在悬浮聚合过程由单体分散形成
单体液滴界面膜	厚度 0.01～0.02μm	在悬浮聚合过程在单体/水界面形成的薄膜，通常是 PVC 和聚乙烯醇等分散剂的接枝共聚物
树脂颗粒	直径 100～200μm	在悬浮聚合中，由在单体液滴或团聚单体液滴中成长的初级粒子团聚形成；在本体聚合中，由初级粒子絮凝形成
树脂颗粒皮层	厚度 0.5～5μm	由在悬浮聚合中沉积在单体液滴界面膜上的 PVC 构成的树脂颗粒外壳。对于本体聚合 PVC，它就是被压缩在树脂颗粒表面的 PVC 初级粒子
初级粒子	直径 1μm	在悬浮、本体和乳液聚合中，是从单体中沉淀出来的单一聚合物沉淀粒子。它通常是熔融加工过程中的熔体流动单元。在乳液聚合中，一个乳液粒子发展为一个初级粒子
初级粒子团聚体	直径 3～10μm	在聚合过程由初级粒子团聚形成
结构域	直径 0.1μm	在诸如 250℃高温下熔融，然后在 140～150℃ 的较低温度下进行机械加工的特殊条件下形成的；水相聚合也产生结构域尺度的结构
微结构域	间距 0.01μm	由微晶和无定形连接分子构成
次生结晶	间距 0.01μm	从无定形熔体重新形成的结晶，是 PVC 熔合（凝胶化）的原因所在

图 2-7 所示是这一 PVC 层级结构的三尺度层次模型[25]。

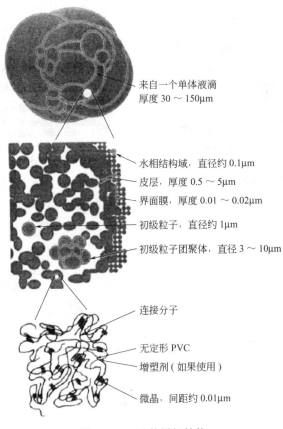

来自一个单体液滴
厚度 30 ～ 150μm

水相结构域，直径约 0.1μm
皮层，厚度 0.5 ～ 5μm
界面膜，厚度 0.01 ～ 0.02μm
初级粒子，直径约 1μm
初级粒子团聚体，直径 3 ～ 10μm

连接分子
无定形 PVC
增塑剂（如果使用）
微晶，间距约 0.01μm

图 2-7　PVC 的层级结构

2.2　PVC 的加工特性

2.2.1　PVC 的基本加工特性

2.2.1.1　PVC 熔体流变特性与机理

一般来讲，PVC 流变学是关于玻璃化转变温度（$T_g = 77℃$）以上 PVC 变形和流动行为的理论。由于 PVC 对热不稳定，因此，PVC 通常在不高于 230℃的温度下加工，而 PVC 流变学通常研究的就是 77～230℃温度范围内 PVC 的黏性和弹性性质。

对比上一节关于 PVC 结构的讨论可知，PVC 流变学研究和 PVC 加工通常是在其部分微晶熔点（约 120～250℃）之下进行的。据此可以预测，

PVC应当具有某些独特的流变学性质。不过应该注意，实际发生的情况是流变特性认识在先而结构认识在后[23]。

（1）PVC熔体流变特性

① 高熔体黏度　在低剪切速率下，PVC具有3倍于聚乙烯（PE）的熔体黏度[26]。没有其他聚合物在熔体流动行为上与PE有如此大的差别。根据有关研究，这不能归因于链支化或链构型差异。一种合理的解释是，PVC中的氯原子充当一个大体积侧链，增大了聚合物链的刚性，而这转而增大了熔体黏度。另一可能的原因是，由于其极性，PVC是强烈缔合的。现已非常清楚，在稀溶液中PVC就是一个缔合聚合物，并且很难得到完全解离的PVC溶液。

② 不连续黏度-温度关系　Collins 和 Krier[2]曾系统研究了添加了热稳定剂的PVC干混料在160～230℃的流动性，在恒定剪切速率和恒定剪切应力两种条件下，黏度-温度关系均呈现不连续性。图2-8是这一不连续黏度-温度关系的示意图。

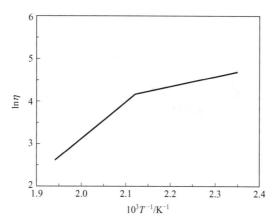

图 2-8　PVC熔体不连续黏度-温度关系示意图

这一关系表明，在160～230℃温度范围内，PVC熔体流动存在两个不同活化能，低温段活化能较低而高温段活化能较高，转折点约200℃。这一关系同时也指出，在160～230℃温度范围内，PVC熔体的流动应是按两种不同机理进行的。

③ 低熔体弹性　在挤出过程中，挤出物离开口模后，其横截面尺寸因弹性回复而大于口模尺寸的现象称为离模膨胀。因此，离模膨胀程度是熔体弹性大小的一种反映。与其他常见聚合物相比，在较低的熔体温度下，PVC熔体的离模膨胀较小[16,27]。这就是为什么PVC适用于型材生产的原因。事实上，PVC的离模膨胀非常小，以至于有时可将模腔出口加工成与

制品横截面一样的精确尺寸。

④ 正弹性-温度效应　Berens 和 Folt[28] 曾深入研究了温度对 PVC 离模膨胀的影响，一组代表性的测定结果见表 2-2。

表 2-2　温度对 PVC 离模膨胀的影响

温度/℃	膨胀比 D_f/D	
	悬浮聚合 PVC	乳液聚合 PVC
160	1.02	0.96
170	1.03	0.96
180	1.05	0.97
190	1.08	1.00
200	1.12	1.05
210	1.18	1.11

由表 2-2 可见，无论悬浮聚合 PVC 还是乳液聚合 PVC，其熔体弹性均随温度的提高而增大。PVC 的弹性-温度效应与其他常见聚合物的行为恰好相反。

⑤ 特殊的流动不稳定性　聚合物熔体在流道中流动时，如剪切速率或剪切应力大于某一极限值，往住会产生不稳定流动。熔体不稳定流动的结果是，挤出物表面出现凹凸不平或外形发生竹节状、螺旋状等畸变以致支离、断裂，这样的现象统称为熔体破裂（melt fracture）。熔体破裂的机理目前尚无统一认识，但各种假定都认为这是聚合物熔体弹性行为的表现。

对聚乙烯和聚苯乙烯等常见聚合物的研究表明，导致熔体不稳定流动的临界剪切应力对温度不太敏感，并且在恒定的温度下临界剪切应力和重均分子量的乘积是一常数[28]。

但是，根据 Sieglaff[29] 的研究结果，PVC 虽然也存在熔体破裂现象［见图 2-9(c)、(d)］，但临界剪切应力对温度非常敏感，并且在恒定的温度下临界剪切应力和重均分子量的乘积并不是一常数。实际情况是，重均分子量提高 1 倍时，临界剪切应力和重均分子量的乘积增大约 5 倍。

除了高剪切速率下的熔体破裂，聚合物可能还存在较低剪切速率下的熔体流动不稳定性，其结果是挤出物表面出现鱼鳞形细微粗糙，这种现象称为"挤变破裂（land fracture）"。根据 Sieglaff[29] 的研究结果，PVC 也存在挤变破裂现象［见图 2-9(b)］

（2）PVC 熔体流变机理　Berens 和 Folt[1] 在他们于 1967 年发表的一篇论文中，为解释组成、平均分子量和分子量分布均不存在明显差别的 PVC 样品却呈现明显不同的熔体流动性质（黏度、离模膨胀、熔体破裂等）的实

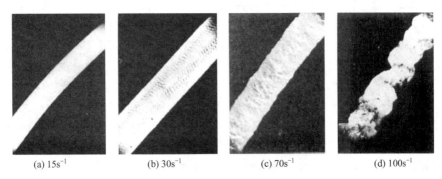

(a) 15s⁻¹　　　　　(b) 30s⁻¹　　　　　(c) 70s⁻¹　　　　　(d) 100s⁻¹

图 2-9　PVC 挤变破裂和熔体破裂现象

(实验条件：温度 200℃)

验结果，提出了"PVC 熔体粒子流动"假说，指出"PVC 熔体的流动不仅包含以熔融态 PVC 高分子链为流动单元（分子流动单元）的流动，同时还可能包含以 PVC 粒子为流动单元（超分子流动单元）的流动"。

塑化成型试样电子显微镜观测等研究已充分验证"PVC 熔体粒子流动"假说的正确性。根据有关的研究结果，乳液聚合 PVC 熔体的粒子流动单元为树脂颗粒本身，而悬浮和本体聚合 PVC 熔体的粒子流动单元为初级粒子。

在比 Berens 和 Folt[1] 的论文仅晚一期发表的研究报告中，Collins 和 Krier[2] 也根据 PVC 熔体在 160～230℃温度范围内存在两个不同活化能的现象指出，在该温度范围内，PVC 熔体的流动是按两种不同机理进行的，较低温度时为粒子或结构域流动，而较高温度时为分子流动。

上述 PVC 熔体流变特性与机理已得到随后进行的大量相关研究验证[23,30]。

在常见的热塑性聚合物中，PVC 熔体的流动机理是独特的，因此具有独特的流变性质。事实上，PVC 的熔体流变特性的确可用"粒子流动机理"合理解释。

但是，为什么 PVC 熔体中存在粒子流动单元呢？基于 PVC 颗粒的层级结构，这可以理解为：在通常的热塑加工条件下，PVC 中的微晶没有全部熔化，以其作为物理交联点而形成的粒子虽可能发生某些变化（如变形）但其粒子识别特征保存。

然而应该注意，是"PVC 熔体粒子流动"假说的提出推动了 PVC 颗粒结构及其在聚合过程中的来源的研究，而非 PVC 颗粒层级结构认识促使了"PVC 熔体粒子流动"理论的形成。

2.2.1.2 PVC 树脂的塑化特性与机理

（1）基本概念 聚合物"塑化"指固体热塑性聚合物在热塑加工设备中经热和剪切或压缩等机械力作用转化为可塑性熔体的过程。热塑性聚合物塑化过程完成的程度称为"塑化度"，而塑化过程进行的快慢称为"塑化速率"。塑化度和塑化速率是表征热塑性聚合物塑化性质的基本参数。

由于具有独特的层级结构，因此 PVC 树脂具有独特的塑化行为和性质。

（2）PVC 树脂的塑化行为模式 根据有关研究已获得的结果，PVC 树脂塑化经历三个基本步骤：树脂颗粒结构破坏使初级粒子紧密接触；初级粒子部分熔融、变形使接触更趋紧密并发生界面黏合形成粒子流动熔体；初级粒子完全熔融形成均相熔体。

① 树脂颗粒结构破坏使初级粒子紧密接触 为研究 PVC 树脂的塑化行为，Faulkner[31]设计了一种程序升温转矩流变仪。由该流变仪测定得到的 PVC 树脂扭矩-温度曲线见图 2-10。

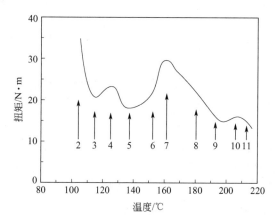

图 2-10 PVC 树脂的扭矩-温度曲线

PVC 树脂颗粒和在转矩流变实验过程于不同温度所取样品的扫描和透射电子显微镜照片见图 2-11。

根据这些研究结果，Faulkner 认为 PVC 树脂形态随温度提高发生了以下演变：三级粒子（直径约 $100\sim150\mu m$，即树脂颗粒）逐步为破碎为二级粒子（直径约 $0.5\sim2\mu m$，相当于初级粒子）和一级粒子（直径约 $0.01\mu m$）。根据后来的研究结果，初级粒子并不进一步破碎而是发生熔融，一级粒子实际上应该是三维网络结构中的微结构域，而非独立的粒子。

PVC 树脂颗粒和在转矩流变实验过程于不同温度所取样品中初级粒子间的空隙度见表 2-3。

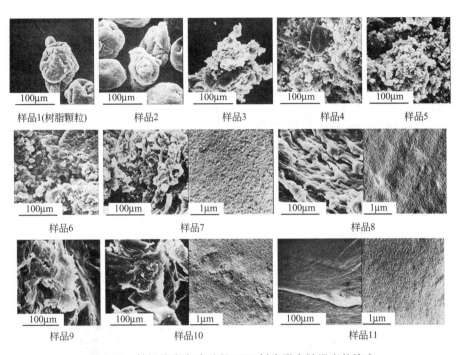

图 2-11　转矩流变实验过程 PVC 树脂形态随温度的演变
（样品序号对应于图 2-10）

表 2-3　不同温度转矩流变实验样品中初级粒子间空隙度

样品序号	1	2	3	4	5	6	7	8	9	10	11
初级粒子间空隙度/dm³·kg⁻¹	0.225	0.077	0.105	0.112	0.135	0.013	0.004	0.003	0.003	0.005	0.004

由表 2-3 的结果可见，在转矩流变实验过程中，伴随 PVC 树脂破碎，初级粒子间的空隙度相应减小，也就是说，初级粒子间接触变得更为紧密。Krzewki 和 Collins[32] 在随后的相关研究中也得到了类似的结论。

② 初级粒子部分熔融、变形使接触更趋紧密并发生界面黏合形成粒子流动熔体。

Rabinovitch 等[33] 结合丙酮溶胀-载玻片碾压-光学显微镜照相和扫描电子显微镜照相两种方法对设定混炼室温度（160℃）和转子转速（50r/min）转矩流变实验过程几个重要阶段的物料形态进行了系统研究，进一步揭示了 PVC 树脂塑化行为的基本特征。

由设定混炼室温度和转子转速转矩流变实验得到的 PVC 树脂典型扭矩-时间曲线见图 2-12。

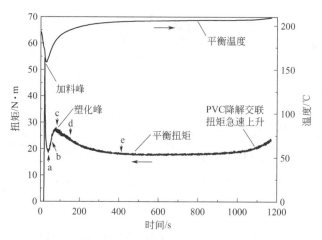

图 2-12　PVC 树脂的典型扭矩-时间曲线

PVC 树脂颗粒和对应于图 2-12 中 a、b、c、d 点的样品的显微镜照相结果见图 2-13～图 2-17。

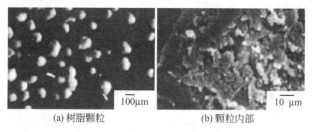

(a) 树脂颗粒　　　　　　　(b) 颗粒内部

图 2-13　悬浮 PVC 树脂的形貌

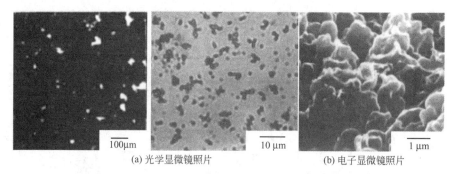

(a) 光学显微镜照片　　　　　　　(b) 电子显微镜照片

图 2-14　a 点样品的光学显微镜照片和电子显微镜照片

分析实验结果可以看出，在转矩流变实验中，PVC 树脂经历了以下塑化过程。

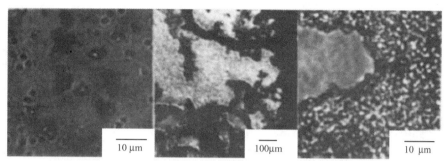

(a) 悬浮于丙酮中的 b 点样品粒子　　(b) 从丙酮中沉淀出来并经碾压的 b 点样品团块

图 2-15　b 点样品的光学显微镜照片

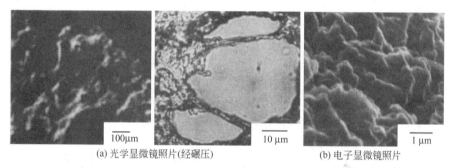

(a) 光学显微镜照片(经碾压)　　(b) 电子显微镜照片

图 2-16　c 点样品的光学显微镜照片和电子显微镜照片

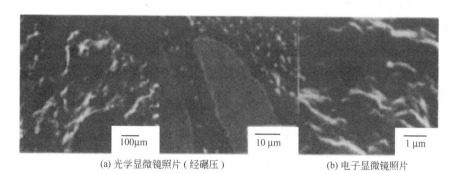

(a) 光学显微镜照片 (经碾压)　　(b) 电子显微镜照片

图 2-17　d 点样品的光学显微镜照片和电子显微镜照片

　　a. 在加料后，当扭矩降低至最低值时（a 点），大多数 PVC 树脂颗粒的皮层被撕开并破碎成为初级粒子或其团聚体（见图 2-14）。这时，物料温度也处于最低值（162℃）。低扭矩和不需碾压即容易在丙酮中分离为个别粒子说明初级粒子间的相互黏合作用是微弱的。

　　b. 当物料温度因剪切生热上升到 170℃时（b 点），扭矩随之增大。这时，物料中虽然仍可见到初级粒子及其其团聚体，但初级粒子已发生变形、接触更为紧密并发生轻微的相互黏合作用（见图2-15）。

c. 在最大扭矩处（c点，177℃），初级粒子间的相互黏合作用已变得较强（见图2-16）。此时，在丙酮中溶胀已不足于使物料中的粒子分离。要借助碾压才能将样品破开。而即使如此，样品也只能破开成以短纤丝连接在一起的大团聚体。电子显微镜照片也显示，与此前温度较低的样品相比，此时样品中初级粒子的相互黏合已明显得多。

d. 在最大扭矩之后，物料温度明显上升因此其黏度降低，这导致了扭矩下降。在最大和平衡扭矩之间于198℃（d点）取出的样品的显微镜照片（见图2-17）显示，粒子结构已消减，当碾压样品时，可观察到相当多的纤丝，而且，样品是坚韧的并且不能被破开成为团聚体。当碾压样品使其产生裂痕时，可以拉出贯穿空隙的纤丝。电子显微镜照片显示，此时样品中的初级粒子已相互黏合得非常好，在断面上已看不到其存在。

Rabinovitch[34]也对程序升温转矩流变实验过程PVC形态演化进行了研究，得到了与上面相似的结果。

由此可见，PVC树脂在较低温度下的塑化，实际上是初级粒子通过并不导致其完全破坏的部分熔融所产生的熔融物相互黏合起来的结果。因此，PVC树脂塑化（plastification）也专称为"熔合（fusion）"。

③初级粒子完全熔融形成均相熔体　对应于图2-12中e点的样品的显微镜照相结果见图2-18。

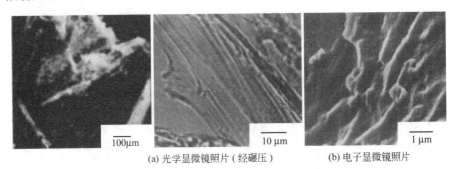

(a) 光学显微镜照片（经碾压）　　　　(b) 电子显微镜照片

图2-18　e点样品的光学显微镜照片和电子显微镜照片

由图2-18可见，当温度达到215℃的平衡扭矩处（e点）时，物料中已不存在粒子结构，初级粒子完全熔融转变成了均匀连续熔体（见图2-15）。在高放大倍数下可观察到长纤丝，样品非常坚韧以至于几乎不可能将其撕裂。

正如前面已经提到，Collins和Krier[2]根据PVC熔体在160～230℃温度范围内存在两个不同活化能的现象已指出，在该温度范围内，PVC 熔体的流动是按两种不同机理进行的，较低温度时为粒子或结构域流动而较高温度时转化为分子流动，即较高温度下的 PVC 熔体为均匀熔体。

Munstedt[35] 随后通过比较 PVC 和聚乙烯、聚苯乙烯熔体的流变性质注意到，在约 200℃ 的临界温度以下，PVC 熔体显示类似于轻度交联聚合物的流变行为，而在该临界温度之上，PVC 熔体表现纯无定形聚合物的典型流变行为。Munstedt 据此认为，在临界温度以下，PVC 熔体中存在以微晶为物理交联结的网络结构，而在临界温度之上，PVC 熔体因微晶完全熔融而转化为了均匀熔体。

应该注意的是，虽然在转矩流变实验中，PVC 树脂颗粒经历了破碎成为初级粒子或其团聚体的过程，但是这一过程对于 PVC 树脂塑化并不是必不可少的。模压加工也可使 PVC 树脂塑化，但 PVC 树脂颗粒并未经历破碎为更小粒子的过程[32,36,37]。对 PVC 树脂在挤出加工过程的塑化行为的研究也表明，PVC 树脂颗粒似乎也并未经历破碎为更小粒子的过程[38,39]。

为此，Allsopp[40] 曾提出 PVC 树脂的另一种塑化行为模式（CDFE）：压缩（compaction）—密实化（densification）—熔合（fusion）—拉伸（elongation）。

Krzewki 和 Collins[32] 在细致研究 PVC 在转矩流变仪密炼加工过程的塑化行为并与模塑加工情形进行比较后已指出，PVC 树脂可能经三种不同的途经实现塑化：

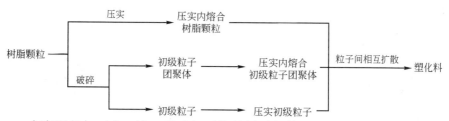

在实际的加工中，这三种途经可能是同时起作用的，而其中何者作用更大取决于机械力中剪切力与压缩力的相对强弱，剪切力强有利于破碎。

Covas 等[41] 后来的研究表明，在单/双螺杆挤出加工中，PVC 树脂的塑化实际上也是通过类似如上所述的混合行为模式完成的。图 2-19 所示为他们提出的单螺杆挤出机 PVC 树脂塑化行为模式。

（3）PVC 树脂塑化和制品力学性能发展的微观机理　基于 PVC 树脂颗粒层级结构，Summers[2,5,42] 提出了 PVC 树脂塑化和制品力学性能发展的微观机理模型，见图 2-20。

根据该机理模型，在热塑加工条件下，当温度升高到初级粒子 ［图2-20

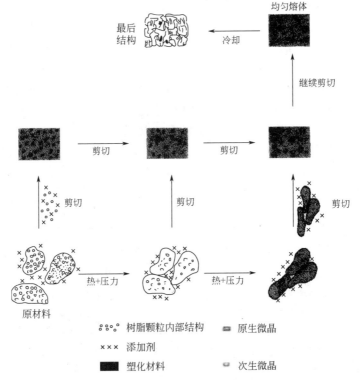

图 2-19　单螺杆挤出机 PVC 树脂塑化行为模式

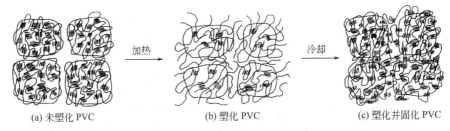

图 2-20　PVC 树脂的塑化和制品力学性能发展机理模型

(a)] 中某些原生微晶熔点时，这些微晶熔融，并释放出 PVC 高分子链，处于相邻初级粒子边界的熔融态 PVC 高分子链发生相互作用、扩散和缠结 [图 2-20(b)]。经冷却，这些发生相互作用、扩散和缠结的 PVC 高分子链重结晶，形成次生微晶。这些界面次生微晶作为物理交联结把原本具有三维网络结构的初级粒子单元连接在一起形成具有整体三维网络结构 [图 2-20(c)] 的塑料件。随着温度提高，原生微晶熔融增多，次生微晶比例相应增大。整体三维网络结构的建立赋予了塑料件力学性能。

这一机理模型完善了 Berens 和 Folt[1,28,43] 在研究提出"PVC 熔体粒子流动"假设后为解释 PVC 熔体流变性质及其变化规律曾提出的初步推测。

应该注意的是，加热时 PVC 原生微晶熔融不但发生在初级粒子表面，同时也发生在初级粒子内部，同样，冷却时 PVC 高分子链重结晶并形成次生微晶不但发生在初级粒子表面，同时也发生在初级粒子内部，而次生微晶和原生微晶是存在性质差异的。为更确切地反映 PVC 树脂塑化和制品力学性能发展的微观机理，Fillot[44] 提出了一个修正模型，见图 2-21。

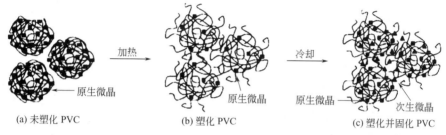

图 2-21　PVC 树脂的塑化和制品力学性能发展机理修正模型

上述 PVC 树脂塑化和制品力学性能发展微观机理非常重要，因为它和更基础的 PVC 树脂颗粒层级结构一起，是理解 PVC 树脂塑化性质、PVC 熔体流变性质、PVC 制品力学性能及其规律性以及润滑剂、增塑剂等添加剂的作用原理与特性的共同概念基础。

由于 PVC 树脂塑化是原生微晶熔融、次生微晶形成并构建类似于凝胶的整体三维空间网络结构的过程，因此也常专称为"凝胶化（gelation）"。

（4）PVC 塑料的塑化度及其与力学性能的关系　PVC 塑料的塑化度（plastification level），也称熔合度（fusion level）或凝胶化度（gelation level），是指转化为 PVC 塑料的 PVC 树脂的塑化程度，具体地说，就是 PVC 树脂颗粒原生微晶熔融、经冷却转化为次生微晶并形成整体三维网络结构的程度[42]。根据这样的关系，人们已研究建立了几种或基于微晶转化或基于整体三维网络结构形成的 PVC 塑料塑化度测定方法[44]。

PVC 塑料的塑化度是一个重要的参数，一方面，它是加工条件和配方条件的函数；另一方面，它对应于塑料内部三维空间网络结构的强度，因而与其力学性能密切相关。

理论上，PVC 塑料的塑化度与其力学性能的关系应该是：随着塑化度提高，由于内部三维空间网络结构增强，各种力学性能提高。但是，实践经验和实验研究表明，PVC 塑料的力学性能（强度、硬度、韧性）并非随塑化度的提高单调提高，而是在一定塑化度时达到最佳值。表 2-4 列出了 Ben-jamin[45] 研究硬质 PVC 管得到的结果。另一些研究者[46～52]在随后的相关中研究也得到了类似的结果。

表 2-4　硬质 PVC 管材凝胶化度与力学性质

性质	测定值			
塑化度/%	32	44	68	90
拉伸强度(20℃屈服)/N·mm^{-2}	54	55	56	56
断裂伸长率/%	108	133	115	56
拉伸冲击能(0℃)/mN·mm^{-2}	381	706	711	656
断裂伸长率/%	3	15	16	12
拉伸冲击能(20℃)/mN·mm^{-2}	624	763	733	697
断裂伸长率/%	15	19	18	16

对于 PVC 塑料塑化度-力学性能关系出现这种"不正常"现象的原因，Summers 等[53,54]已进行深入研究。根据他们的研究结果，该"不正常"现象其实是过高的塑化度导致润滑剂失效（见图 2-23[54]）并引起熔体破裂、产生缺陷（见图 2-22[53]）的结果。

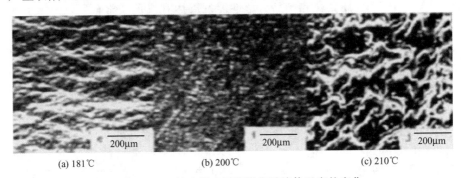

(a) 181℃　　　　　　　(b) 200℃　　　　　　　(c) 210℃

图 2-22　PVC 挤出料表面粗糙度随熔体温度的变化

由图 2-22 可见，随熔体温度提高，即塑化度提高，挤出料表面的粗糙度先降低而后又升高。这与"不正常"塑化度-力学性能关系相一致。

图 2-23 显示，较低温度（177℃）的取出料熔合程度较低（明显存在初级粒子），但润滑剂硬脂酸钙均匀分布在物料中初级粒子表面；而较高温度（201℃）的取出料已充分熔合，但硬脂酸钙却聚集成了尺寸约 $0.1～0.2\mu m$ 的小球，基质中则几乎不存在硬脂酸钙。

根据这一判断，如果能够设法消除润滑剂失效造成的影响，PVC 塑料的力学性能将会随塑化度提高而单调提高，也就是说，PVC 塑料力学性能

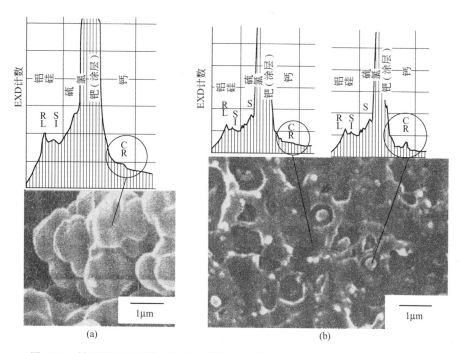

图 2-23　转矩流变实验取出料的扫描电镜和能量弥散 X 射线（EXD）观测结果

取样温度：（a）177℃，（b）201℃；样品表面包覆钯（Pd）

的原有极限将可突破。

　　但是，高温时 PVC 熔体破裂是否肯定是润滑剂失效所致还需澄清，因为高温下 PVC 熔体破裂也可能是熔体高弹性的结果[28,43]。

2.2.1.3　PVC 熔体金属黏附性

　　在空气中，塑料加工设备的金属表面会迅速被氧化形成相应的氧化物保护层，阻止金属进一步与空气反应。由于金属-氧键的强极性（$M^{\delta+}$-$O^{\delta-}$），这些金属氧化物属于强极性物质。而由于其结构中含有极性较强的碳-氯键（$C^{\delta+}$-$Cl^{\delta-}$），PVC 是一种中等极性材料。因此，PVC 与加工设备的金属表面存在较强的相互吸引力。在没有采用措施降低这种相互吸引力的情况下，PVC 熔体会粘住加工设备的金属表面直至最后降解[55]。

2.2.2　PVC 加工性能的影响因素

　　根据 PVC 熔体流变、树脂塑化及熔体金属黏附机理可以预期，温度、剪切速率等加工条件，颗粒结构、分子量和结晶性等结构因素，加工经历以及润滑剂、增塑剂等配方因素将不同程度影响 PVC 的加工性能（熔体流变性能、树脂塑化性能和熔体金属黏附性能）。对于 PVC 加工性能与这些影响因素的具体关系，人们已进行了系统的研究并已取得较为清晰的认识。

2.2.2.1 PVC 熔体流变性能的影响因素

（1）加工条件　Collins 和 Krier[2] 曾对 PVC 熔体黏度与剪切速率和温度的关系进行了较系统的研究，图 2-24 和图 2-25 是他们所得到的一组结果。

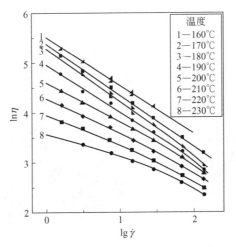

图 2-24　不同温度下黏度与剪切速率的关系

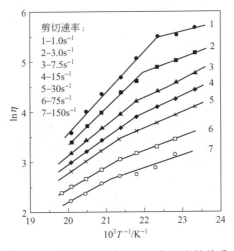

图 2-25　不同剪切速率下黏度与温度的关系

可以看到，PVC 熔体黏度与剪切速率和温度存在以下关系。

① 在恒定温度下随剪切速率提高而降低。

② 在恒定剪切速率下随温度提高而下降。

③ 黏度-温度关系呈现不连续性（前面已经介绍），低温段黏度随温度提高降低较慢，高温段黏度随温度提高降低较快，在各温段黏度的对数与绝对温度的倒数存在线性关系。

④ 黏度-温度关系的转折点在 200℃ 左右，确切的位置与剪切速率有关，剪切速率越高，转折温度越高。

Berens 和 Folt[1,28,43] 曾对 PVC 熔体弹性与剪切速率和温度的关系进行了较系统的研究，并取得了较为明确的结果。离模膨胀与剪切速率和温度的关系见图 2-26[43]。

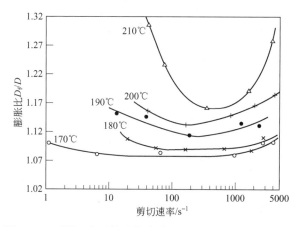

图 2-26　不同温度下挤出物膨胀比随表观剪切速率的变化

由图 2-26 可以看到，PVC 熔体的离模膨胀随剪切速率和温度的变化存在以下特点。

① 在恒定温度下，离模膨胀随剪切速率的提高先减小后增大。

② 在恒定剪切速率下，离模膨胀随温度提高而增大。

③ 随温度上升，小离模膨胀的剪切速率区间缩小。

根据 Berens 和 Folt[43] 的研究结果，挤出物外观（体现熔体流动稳定性）与剪切速率和温度的关系如下。

① 在较低温度和中等剪切速率范围，即小离模膨胀剪切速率区间，样品最平滑。

② 当剪切速率偏小时，挤出物表面出现规则撕裂（鱼鳞状），即出现挤变破裂现象，见图 2-27(a)。

③ 当剪切速率偏大时，挤出物呈现整体不规则波浪变形，即出现熔体破裂现象，见图 2-27(b)。

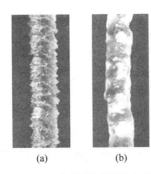

(a)   (b)

图 2-27　剪切速率偏低时的挤变破裂（a）
和剪切速率偏高时的熔体破裂（b）现象

④ 挤出物外观随剪切速率和温度的综合变化趋势见图 2-28。

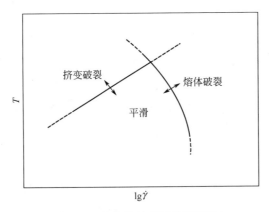

图 2-28　挤出物外观随剪切速率
和温度的综合变化趋势

Berens 和 Folt[43]根据"PVC 熔体粒子流动"假设分析认为，挤出物外观随剪切速率和温度的综合变化趋势具有如图 2-28 所示特征的原因在于，在不同的温度-剪切速率区域，熔体的流动机理不同，见图 2-29。

（2）结构因素

根据 Berens 和 Folt[28]的研究结果（见图 2-30、图 2-31 和表 2-5），PVC 的流变学性质与树脂颗粒结构、大小及分子量存在以下关系。

① 分子量相近时，乳液法树脂的熔体黏性和弹性均明显低于悬浮法树脂。

② 对于同一类树脂，粒径（乳液法树脂指树脂粒子，悬浮法树脂指初级粒子）相近时，随分子量（特性黏度）增大，熔体黏度提高而弹性下降。

③ 对于同一类树脂，分子量相近时，随粒径（乳液法树脂指树脂粒子，悬浮法树脂指初级粒子）增大，熔体黏度和弹性均明显降低。

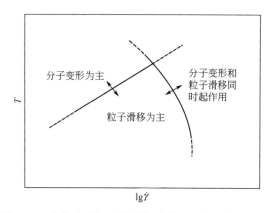

图 2-29 熔体流动机理随剪切速率和温度的变化趋势

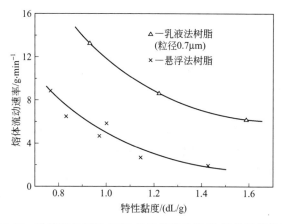

图 2-30 乳液和悬浮法 PVC 的熔体流动速率-特性黏度关系

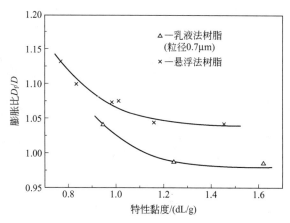

图 2-31 乳液和悬浮法 PVC 的膨胀比-特性黏度关系

表 2-5　粒径和分子量对乳液法 PVC 流变性质的影响

样品	特性黏度/(dL/g)	粒径/μm	熔体流动速率/g·min⁻¹	膨胀比 D_f/D
A	0.91	0.114	2.0	1.06
D	0.91	0.165	5.0	1.07
G	0.98	0.241	8.9	1.05
J	0.93	0.655	12.9	1.02
B	1.14	0.098	3.2	1.04
E	1.15	0.166	3.8	1.03
H	1.20	0.247	5.8	1.01
K	1.23	0.757	8.4	0.96
C	1.50	0.111	2.2	1.00
F	1.56	0.168	1.7	1.01
I	1.59	0.264	6.0	1.01
L	1.62	0.660	6.1	0.96

　　分子量相近时乳液法树脂的熔体黏性和弹性之所以明显低于悬浮法树脂，其原因可能在于两种树脂作为熔体流动单元的粒子（乳液法树脂为树脂粒子，悬浮法树脂为初级粒子）虽粒径相当但存在状态不一样。对于乳液法树脂，作为熔体流动单元的是树脂粒子本身，树脂粒子是分立、密实的球形粒子，在熔体流动中可以"完好无损"地滑动，因此不会导致粒子内部因分子取向而产生黏滞损失和弹性能量储存。作为悬浮法树脂熔体流动单元的初级粒子则明显不同，由于它们被限制在树脂颗粒内生长，因此是相互键合在一起的，在熔体中它们会以纤丝相连，相互滑动受到限制。也就是说，严格地讲悬浮法树脂熔体的流动同时包含粒子滑动和分子变形。

　　图 2-32 所示为在相同条件下挤出的乳液法和悬浮法 PVC 的断面电镜照片[28]，可见乳液法树脂粒子比悬浮法树脂初级粒子更好地保留了粒子识别

(a)乳液法　　　　　　　　　　　(b)悬浮法

图 2-32　180℃挤出的乳液法和悬浮法 PVC 的断面电镜照片

特征。

对于乳液法 PVC，粒径相近时挤出物外观随剪切速率、温度和分子量的综合变化趋势见图 2-33；分子量相近时挤出物外观随剪切速率、温度和粒子尺寸的综合变化趋势见图 2-34[43]。

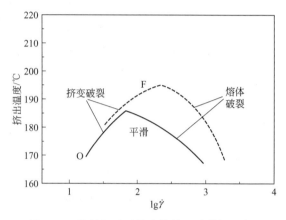

图 2-33　粒径相近时挤出物外观随剪切速率、
温度和分子量的综合变化趋势

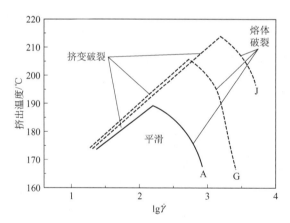

图 2-34　分子量相近时挤出物外观随剪切速率、
温度和粒径的综合变化趋势

由图 2-33 和图 2-34 可见，随分子量或粒径增大，可得到平滑挤出物的区域向更高温度和更大剪切速率方向扩展。

（3）加工经历　因为导致熔体黏度和弹性增大的粒子熔合是一个不可逆过程，因此一个特定 PVC 样品的流变行为将会受到其加工经历的强烈影响。

图 2-35～图 2-37显示了先经不同温度模压（2min）然后在相同条件（170℃）下挤出的 PVC 样品的流动速率和离模膨胀[28]。

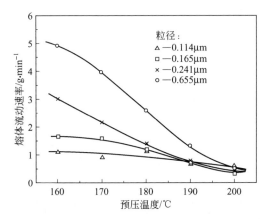

图 2-35　挤出前模压温度对乳液法 PVC
（分子量相近）流动速率的影响

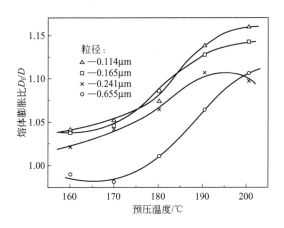

图 2-36　挤出前模压温度对乳液法 PVC
（分子量相近）离模膨胀的影响

由此可见，PVC 熔体的黏度和离模膨胀均随预压温度的提高而增大。这一关系存在的原因应该在于，随预压温度提高，粒子熔合度增大，因而粒子滑动流动贡献降低。

（4）配方因素　根据 PVC 熔体流动机理可以预测，任何会对 PVC 熔体的粒子滑动和分子变形产生影响的配方组分，都将对 PVC 的流变性质产生影响。严格地讲，由于相互作用是普遍存在的，所有配方组分都会影响

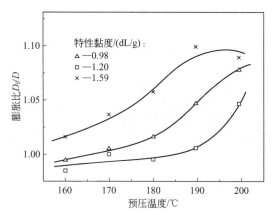

图 2-37　挤出前模压温度对乳液法 PVC
（粒径相近）离模膨胀的影响

PVC 的流变性质。当然，不同配方组分由于结构、性质不同，其对 PVC 流变性质产生影响的方式和程度也不同。

从实际应用效果看，在 PVC 加工用添加剂中，润滑剂、增塑剂、加工助剂、填料等对 PVC 流变性质的影响较大。其中，润滑剂的基本功能之一就在于减弱 PVC 粒子和分子之间的相互作用、优化 PVC 熔体的流变性质。润滑剂的作用原理和性质将在本章下一节阐述。其他配方组分超出本书的范围，有兴趣的读者请自行阅读相关的文献。

2.2.2.2　树脂塑化性质的影响因素

（1）加工条件　如前所述，PVC 树脂的塑化是在机械力和热的共同作用下初级粒子紧密接触、熔融、相互黏合形成熔体的过程。因此，机械力（剪切、压缩等）和热对 PVC 树脂塑化有直接影响。

根据有关的研究结果，概括起来，PVC 树脂塑化与加工条件存在以下重要关系。

① 在足够高的温度下，单独加热可使 PVC 树脂塑化。Hattori 等[56]曾试验在烘箱中于 220℃ 单独加热 PVC 树脂粉（聚合度为 1050，添加了铅盐热稳定剂）并检测其形态变化。分别加热了 1min 和 3min 的样品的电子显微镜照片见图 2-38。

由图 2-38 可见，在 220℃ 简单加热，PVC 树脂可发生塑化，当加热时间达到 3min 时，PVC 树脂颗粒结构已完全消失并形成了连续物体。

在足够高的温度下单独加热之所以可使 PVC 树脂塑化，可能是在这样的温度下熔融的 PVC 初级粒子已具有流动性，可以自动相互靠近并黏合。

但应该注意，由于热稳定性的限制，在如此高的温度下进行 PVC 树脂

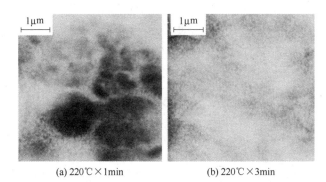

(a) 220℃×1min　　　　　(b) 220℃×3min

图 2-38　加热对 PVC 树脂粉的影响

塑化不具有实际意义。

② 机械力和加热结合可促进 PVC 树脂塑化。PVC 熔体的黏度较大，因此，在通常的加工温度范围，PVC 树脂单靠加热难于塑化。根据如前所述的 PVC 树脂塑化行为模式和微观机理，如果在加热的同时对物料施以机械力作用（剪切、压缩），将有利于促进 PVC 初级粒子相互紧密接触，从而促进其相互黏合形成连续熔体而塑化。这一关系是实际加工设备设计的重要原理依据之一。

最近，Fillot 等[44]系统比较研究了用几种不同加工方法于不同加工条件下得到的 PVC 样品（见表 2-6）的微晶转化（原生微晶熔融转化为次生微晶）和整体三维网络结构形成。

表 2-6　研究微晶转化和整体三维网络结构形成用 PVC 样品的加工方法和条件

标记	样品特征	加工方法	加工温度/℃
DB	干混料（粉末态）	示差扫描量热仪（DSC）中加热	130～230
M-LS	开炼片（低剪切）	开炼（$V_1/V_2$① $=1.0$, h② $=0.40$mm）	140～210
M-MS	开炼片（中剪切）	开炼（$V_1/V_2=1.1$, $h=0.35$mm）	130～210
M-HS	开炼片（高剪切）	开炼（$V_1/V_2=1.5$, $h=0.15$mm）	140～230
EXT	挤出片	挤出	180～200
G	挤出粒料	挤出	160
INJ	注射模塑样品	注射模塑	195

①V_1/V_2 为开炼机前后辊速率比；②h 为开炼机前后辊间距。

结果表明，虽然相同熔体温度（用 DSC 测定）的干混料（DB）的微晶转化程度与其他通过热塑加工得到的样品没有明显差别（见图 2-39），但干混料保持粉体状态未形成整体三维网络结构（未塑化），而由热塑加工得到

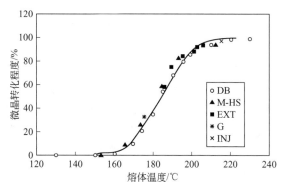

图 2-39　微晶转化程度随熔体温度的变化

的样品则已不同程度地形成整体三维网络结构（即已不同程度塑化，见图 2-40）。

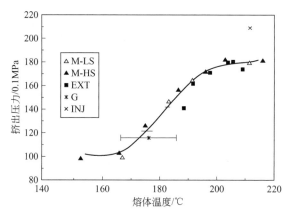

图 2-40　由热塑加工得到样品的毛细管
挤出应力随熔体温度的变化

③ 在通常的加工温度条件下，只要机械力超过一定水平，PVC 树脂的塑化度取决于熔体温度而与机械力变化无关。

图 2-40 是 Fillot 等[44]测定得到的由热塑加工得到样品的毛细管挤出应力（反映整体三维网络结构形成程度）随熔体温度的变化。

由图 2-40 可以看到，由不同条件热塑加工得到样品在相同熔体温度时有近似的毛细管挤出应力。由于不同加工条件反映不同的机械力，图 2-40 的结果表明在通常的加工温度和机械力水平下，PVC 树脂的塑化度取决于熔体温度而与机械力变化无关。这可能是因为，只要机械力强度足以使 PVC 初级粒子紧密相互接触，那么 PVC 初级粒子一旦熔融即可塑化，更强的机械力没有意义。

④ 在通常的加工条件下，PVC 树脂的塑化速率随加工温度（设备温度）和剪切速率的提高而加快。

如前所述，在通常的加工条件下，PVC 树脂的塑化度随熔体温度的提高而提高。也就是说，PVC 树脂的塑化速率随熔体温度上升速率的提高而提高。由此可以推测，PVC 树脂的塑化速率随加工温度（设备温度）和剪切速率的提高而加快。因为加工温度提高，外部热源对物料的热量传递速率加快，而剪切速率提高会使物料摩擦生热加快，两者均可加快熔体温度上升。

最近，Tomaszewska 等[57~60]对 PVC 树脂在转矩流变仪中的塑化性质进行了系统研究。图 2-41 所示为他们所得到的塑化时间（见图 2-12，塑化峰与加料峰的时间差）与混炼室温度和转子转速的关系[58]。

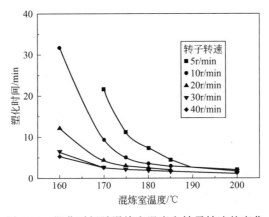

图 2-41　塑化时间随混炼室温度和转子转速的变化

Comeaux 等[61]曾研究了 PVC 树脂在转矩流变仪中的塑化度与混炼室温度和加工时间的关系，结果见图 2-42。

（2）结构因素

① 颗粒形态结构　Kulas 和 Thorshaug[38]曾用安装有可移动机筒的单螺杆实验挤出机对 3 种分子量、分子量分布和粒径相近但颗粒结构不同的 PVC 树脂的熔融行为进行了比较研究。这 3 种 PVC 树脂分别为疏松型本体法树脂、疏松型悬浮法树脂和紧密型悬浮法树脂。结果表明，疏松型本体法树脂与疏松型悬浮法树脂的熔融性质相似，并具有比紧密型悬浮法树脂更快的熔融速率。疏松型本体法树脂与疏松型悬浮法树脂的熔融性质相似说明在通常的加工条件下，树脂皮层对其熔融行为的影响不明显。疏松型树脂具有比紧密型树脂更快的熔融速率说明树脂颗粒内部形态结构明显影响其熔融行

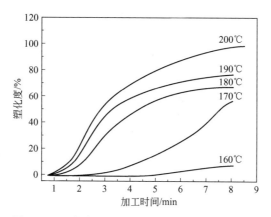

图 2-42　塑化度随混炼室温度和加工时间的变化

为，初级粒子小且团聚松散有利于熔融。

为进一步弄清疏松型树脂具有比紧密型树脂更快的熔融速率的原因，Kulas 和 Thorshaug 测定了 3 种不同树脂在不同螺杆转速下的挤出温度，结果见图 2-43。

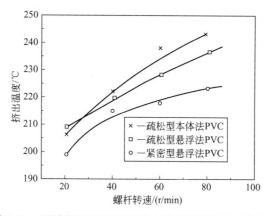

图 2-43　不同类型 PVC 树脂挤出温度随螺杆转速的变化

由图 2-43 可见，疏松型树脂的挤出温度相近且比紧密型树脂的更高。结合电子显微镜形态观测结果，Kulas 和 Thorshaug 认为这是由于疏松型树脂颗粒中的初级粒子粒径较小、比表面积较大，因而摩擦生热较大所致。

② 分子量和结晶度　根据前述 PVC 树脂塑化行为和机理，原理上，PVC 树脂的玻璃化转变温度和熔点因会影响初级粒子在机械力和热作用下的变形接触和熔融黏合，因此会影响其塑化。而根据 Daniels 和 Collins[62] 的研究结果，PVC 的玻璃化转变温度和熔点均随分子量和结晶度（间规立构

度）的增大而提高。据此可以预期，PVC 树脂的塑化将随分子量和结晶度的增大而变难。

表 2-7 所示为 Rabinovitch[34] 报道的通过程序室温转矩流变实验测定得到的几种具有不同分子量和结晶度的悬浮法 PVC 树脂的塑化温度。

表 2-7　几种具有不同分子量和结晶度的悬浮法 PVC 树脂的塑化温度

树脂代号	特性黏度/(dL/g)	聚合温度/℃	塑化温度/℃
A	0.53	80	170
B	0.67	70	188
C	0.91	57	207
D	1.12	49	221
E	1.12	57	216

由表 2-7 可见，从树脂 A 到树脂 D，分子量（特性黏度）增大和聚合温度降低导致塑化温度提高。

应该注意的是，根据有关的研究结果[63,64]，聚合温度降低不但增大分子量同时增大结晶度（间规立构度）。因此，从树脂 A 到树脂 D 塑化温度提高是分子量和结晶度增大的综合结果。

为了弄清分子量和结晶度各自单独对塑化温度的影响，Rabinovitch 制备了一个特殊的树脂 E，其分子量与树脂 D 相同而结晶度与树脂 C 一样。

比较树脂 E、树脂 D 和树脂 C 的数据可见，PVC 树脂的塑化温度既随分子量也随结晶度的增大而提高。塑化温度提高也即塑化变难。

最近，Fujiyama 等[65] 报道了由 3 种不同聚合度（分子量）悬浮法树脂用开炼机制备，并在不同温度下进行退火处理得到的 PVC 塑料样品的熔体温度和塑化度（用 DSC 测定），见图 2-44。

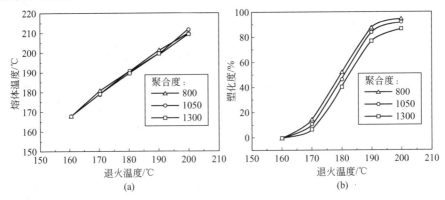

图 2-44　不同类型 PVC 树脂退火温度与熔体温度和塑化度关系

比较图 2-44(a) 和 (b) 可见，熔体温度相同时，PVC 塑料的塑化度随聚合度（分子量）的增大而降低，也就是说，PVC 塑料达到相同塑化度所需的熔体温度随聚合度（分子量）的增大而提高。

（3）加工经历　王文治等[66] 最近报道，对一个特定配方的配混料（记为：原样）在特定的条件下进行转矩流变实验，然后重复实验并分别在对应于图 2-12 的 a、b、c、d、e 点停机取样（分别记为：a 样、b 样、c 样、d 样、e 样），制成过 20 目粉末样品，接着，在相同条件下分别对 a、b、c、d、e 样进行转矩流变实验，结果见图 2-45。

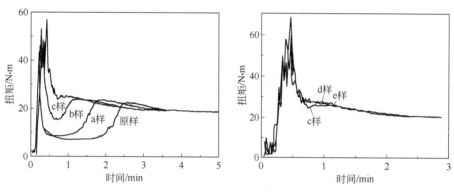

图 2-45　PVC 配混料转矩流变曲线的加工经历效应

由图 2-45 可以看到，加工经历显著影响 PVC 配混料的塑化性质。具体地说，第一次加工越深入，即塑化度越高，第二次加工的塑化时间越短。

由于 PVC 的塑化是一个不可逆过程，因此加工经历影响塑化性质是可以理解的。但是，PVC 配混料的塑化性质呈现如上所述加工经历效应的具体原理，尚需进一步研究说明。

（4）配方因素　根据 PVC 树脂塑化行为和机理，一个配方组分如果影响 PVC 加工过程中机械力和热传递、PVC 各层级结构单元（包括各层级粒子和分子）及其与设备金属表面间相互作用、摩擦生热，因而影响 PVC 初级粒子相互紧密接触、熔融、界面高分子链相互作用、扩散和缠结，将对 PVC 的塑化性质产生影响。严格地讲，由于相互作用是普遍存在的，所有配方组分都会影响 PVC 的塑化性质。当然，不同配方组分由于结构、性质不同，因此其对 PVC 塑化性质产生影响的方式和程度是不同的。

从实际应用效果看，在 PVC 加工用添加剂中，润滑剂、增塑剂、加工助剂、冲击改性剂、填料等对 PVC 塑化性质的影响较大。其中，润滑剂的基本功能之一就在于减弱 PVC 各层次结构单元（包括各层次粒子和分子）及其与设备表面间相互作用、减少摩擦生热，优化 PVC 的塑化性质。润滑剂是本书的对象，有关的内容将在本章下一节以及第 4 和第 5 章阐述。

（5）空间位置（塑化不均匀现象）　在加工设备中进行热塑加工的 PVC 料，可能由于机械力和热传递以及所伴随的摩擦生热存在空间分布不均匀性，因此其塑化行为可能也出现空间分布不均匀性。

Tomaszewska 等[57]观察到，在转矩流变实验的最低扭矩处（图2-12，a 点）取出的样块的皮层的塑化度比芯部大得多。

Choi 等[67]的研究表明，用双螺杆挤出机在不同温度条件下挤出的 PVC 管，其管墙的塑化是不均匀的，见图 2-46。

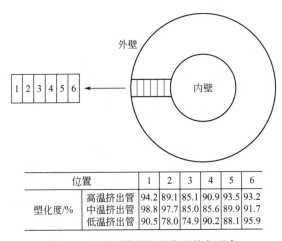

位置		1	2	3	4	5	6
塑化度/%	高温挤出管	94.2	89.1	85.1	90.9	93.5	93.2
	中温挤出管	98.8	97.7	85.0	85.6	89.9	91.7
	低温挤出管	90.5	78.0	74.9	90.2	88.1	95.9

图 2-46　PVC 管材的塑化不均匀现象

根据 Fillot 等[68]的测定结果，PVC 窗型材也存在塑化不均匀现象，如图 2-47 所示。

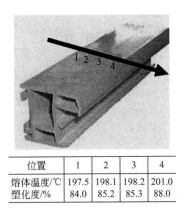

位置	1	2	3	4
熔体温度/℃	197.5	198.1	198.2	201.0
塑化度/%	84.0	85.2	85.3	88.0

图 2-47　PVC 窗型材的塑化不均匀现象

2.2.2.3　熔体金属黏附性的影响因素

由于 PVC 熔体金属黏附性是 PVC 与金属表面氧化物间极性相互作用的结果，因此原理上，能改变 PVC 与金属表面氧化物间极性相互作用力的因素都会影响 PVC 熔体的金属黏附性。从实际效果看，外润滑剂对 PVC 熔体金属黏附性的影响较大，可显著降低 PVC 熔体对金属的黏附性。外润滑剂及其对 PVC 熔体金属黏附性影响将在本章下一节以及第 4 和第 5 章阐述。

2.3　PVC 润滑剂应用原理基础

2.3.1　PVC 润滑剂的润滑作用

2.3.1.1　基本润滑作用

由本章前两节的讨论可知，PVC 由于极性较强，其各层级结构单元（包括各层级粒子和分子）以及它们与加工设备金属表面间均具有较强的相互作用和摩擦力，因此存在以下不利加工性质。

（1）熔体黏度高。

（2）物料剪切摩擦生热大。

（3）熔体对加工设备金属表面黏附严重。

这些不利加工性质和对热不稳定叠加导致 PVC 非常难于热塑加工。熔体黏度高导致 PVC 加工要在较高温度下才能进行，但是 PVC 无法承受这样的高温；物料摩擦生热大会使物料在加工过程产生局部过热而降解并引发物料整体降解；熔体对加工设备金属表面黏附严重会导致局部物料滞留降解并造成制品难于脱模。因此，要对 PVC 进行热塑加工，除必须使用一类称之为"热稳定剂"的添加剂外，还必须使用另一类称之为"润滑剂"的添加剂。PVC 润滑剂是一类加工性质改进添加剂，其基本作用就在于降低 PVC 各层级结构单元（包括各层级粒子和分子）以及它们与加工设备金属表面间的相互作用和摩擦力，从而实现以下基本润滑效果。

（1）降低熔体黏度。

（2）减少物料剪切摩擦生热。

（3）减轻熔体对加工设备金属表面黏附。

2.3.1.2　基本润滑作用的分类

为有利于理解和研究，PVC 润滑剂的基本润滑作用可根据其作用部位的不同分为内润滑作用和外润滑作用。

（1）内润滑作用　当 PVC 润滑剂在熔体内发挥作用时，其基本润滑作用在于降低熔体内 PVC 分子间相互作用力，这一作用称为熔体内润滑作用，简称内润滑作用。PVC 润滑剂通过内润滑作用可降低熔体内 PVC 分子间滑移阻力（摩擦阻力）从而降低熔体黏度和减少熔体内分子间摩擦生热。

（2）外润滑作用　当 PVC 润滑剂在熔体外发挥作用时，其基本润滑作用在于降低 PVC 各层级粒子间和 PVC 物料与加工设备金属表面间的相互作用力，这一作用称为熔体外润滑作用，简称外润滑作用。PVC 润滑剂通过外润滑作用可达到减少 PVC 各层级粒子间和 PVC 物料与加工设备金属表面间摩擦生热及减轻熔体对加工设备金属表面黏附的润滑效果。

在 PVC 热塑加工过程中，润滑剂在熔体外发挥作用的部位包含 PVC 各层级粒子间及 PVC 物料与加工设备金属表面间两个不同类型，而它们的性质和效用是不一样的，因此，PVC 润滑剂的外润滑作用还可进一步细分。

① PVC 粒子间润滑作用，可简称 PVC 粒子润滑作用。

② PVC 粒子和熔体-金属表面间润滑作用，可简称为 PVC-金属润滑作用。

2.3.1.3　润滑作用的延伸功效

（1）在加工过程中

① 抑制物料降解　如前所述，PVC 具有物料摩擦生热大和熔体对加工设备金属表面黏附严重的加工特性，而物料摩擦生热大会使物料在加工过程产生局部过热而降解并引发物料整体降解。实际上，熔体对加工设备金属表面黏附严重也导致类似的问题，因为被黏附物料会因受热时间过长而降解。因为能减少物料摩擦生热并减轻熔体对加工设备金属表面黏附，PVC 润滑剂显然兼具有抑制 PVC 物料在热塑加工过程中降解的效用。因此，PVC 润滑剂也称为机械化学稳定剂（mechanochemical stabilizer）。

② 调节树脂塑化　PVC 润滑剂可调节 PVC 树脂的塑化，这是因为 PVC 树脂的塑化与 PVC 分子间的相互作用力和物料温度以及机械力在物料中传递存在直接的依赖关系（见本章 2.2 节），而 PVC 润滑剂可削弱 PVC 分子间的相互作用力和减少物料摩擦生热从而减慢物料升温速度以及降低机械力在物料中传递效率。在塑料热塑加工中，树脂塑化所需的热量来源于从机筒壁和螺杆表面的传导和物料在供料和压缩阶段的摩擦。但是，通过传导的热转移速度慢，无法满足需要，摩擦是主要的热源。不难理解，PVC 润滑剂可通过内润滑作用削弱 PVC 分子间相互作用力而促进塑化，或可通过外润滑作用减慢物料升温速度并降低机械力在物料中传递效率而抑制塑化。

③ 改变熔体流动行为　PVC 润滑剂通过内润滑作用和外润滑作用（PVC 熔体-金属表面间润滑作用）可以改变熔体的流动行为[69]，见图 2-48。

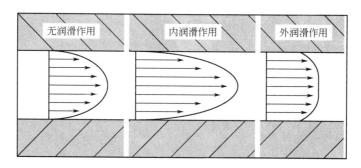

图 2-48　润滑效应对 PVC 熔体流动模式的影响

内润滑作用降低熔体黏度但不影响其对金属表面的黏附，因此模具中熔体流动速率的分布是：模具壁处为 0，而模具中心处最大（laminar flow，层流）。显然内润滑作用越强，熔体的流动速率越高（在加工参数恒定时）。

外润滑作用减轻熔体对金属表面的黏附但不影响其黏度，因此熔体的前沿沿模具等速推进（block flow，块流或栓塞流）。

④ 消除熔体破裂　聚合物熔体破裂是弹性聚合物熔体在高剪切应力下发生黏附-滑动交变而出现流动不稳定现象[28,70]。尽管其具体机理还不完全清楚，但是可以肯定它与熔体的弹性、黏度及其对加工设备表面的黏附相关。如前所述可知，PVC 润滑剂的基本润滑效应正在于降低熔体黏度、弹性（通过降低温度达到）并减轻熔体对加工设备金属表面黏附。因此，合理使用润滑剂可消除 PVC 熔体破裂。

⑤ 使熔体或制件易于脱模　PVC 润滑剂可通过外润滑作用减轻熔体对加工设备金属表面黏附，因此可使熔体或制件易于从金属模具脱离。

⑥ 减轻设备磨损　PVC 润滑剂可通过外润滑作用减弱物料与加工设备金属表面的摩擦，因此可减轻加工设备金属表面的磨损。

⑦ 提高加工生产速率　PVC 润滑剂可通过内润滑作用降低熔体黏度、提高熔体流动性而提高 PVC 制品加工生产速率。根据 Guimon[71] 的研究结果，润滑剂还会因影响 PVC 干混料的表观密度和塑化程度而影响制品加工生产速率。当用双螺杆挤出机进行加工生产时，这种效应尤为明显，挤出速率随干混料的表观密度和塑化程度的提高而提高。

⑧ 降低加工动力消耗　PVC 润滑剂可降低物料摩擦生热从而可降低机械力的热损耗，因此可降低制品加工动力消耗。

（2）对制品质量

① 优化制品力学性能　在本章上一节已经讨论过，PVC 塑料制品的力学性能（强度、硬度、韧性）只有在一定塑化度时达到最佳值。而如上所

述，PVC 润滑剂既可通过外润滑作用减慢物料升温速度而抑制塑化，又可通过内润滑作用削弱 PVC 分子间相互作用力而促进塑化。因此，通过合理使用润滑剂，可以优化 PVC 制品的力学性能。

② 改进制品表面质量　使用润滑剂可有效改进 PVC 制品的表面质量，这是因为熔体破裂是导致聚合物制品表面平整性、光泽度差等表面问题的主要原因，而合理使用润滑剂可消除 PVC 熔体破裂。

③ 提高制品表面爽滑性　对于比表面积较大的塑料制品，表面粘连往往给其生产和应用带来诸多困难。PVC 润滑剂可通过外润滑作用降低两个相邻表面间的相互作用力，从而改进制品表面爽滑性[72]。这对于 PVC 软质薄膜加工和应用非常重要。

④ 赋予制品防雾和抗静电性　极性较大的 PVC 润滑剂可提高制品表面的极性并降低其表面电阻率，因此可赋予制品一定的防雾和抗静电性[73]。

2.3.1.4　润滑作用的协同效应

在 PVC 的加工生产实践中，人们早已注意到不同类型润滑剂合理并用对于有效改进 PVC 物料加工性的重要性。但是，直到 1974 年 Hartitz[74] 在一篇研究论文中报道了不同类型润滑剂对 PVC 树脂塑化影响的协同效应之后，PVC 润滑剂并用效应的规律性才变得逐渐清晰起来。Hartitz 的部分代表性研究结果见表 2-8。

表 2-8　含常用润滑剂及其双组分并用体系的 PVC 配混料的塑化时间

润滑剂		塑化时间 /min	润滑剂		塑化时间 /min
组分	用量/份		组分	用量/份	
硬脂酸钙	1	0.6	硬脂酸钙/硬脂酸钡	1/1	0.7
	2	0.6	费-托蜡/EBS	1/1	0.7
硬脂酸钡	1	1.2	硬脂酸钙/费-托蜡	1/1	>15
	2	1.3	硬脂酸钡/费-托蜡	1/1	>15
费-托蜡	1	1.3	硬脂酸钙/EBS	1/1	>15
	2	1.5	硬脂酸钡/EBS	1/1	3.3
EBS	1	0.5			
	2	1.0			

注：1. 测试配方（份）：PVC 100，ACR 加工助剂 3，二丁基锡热稳定剂 2，TiO_2 2。
　　2. 测试仪器：Brabender 转矩流变仪；测试条件：混炼室设定温度 160℃，转子转速 23r/min。

由表 2-8 可见，硬脂酸钙与硬脂酸钡、费-托蜡与 EBS（N, N'-亚乙基双硬脂酰胺）并用对 PVC 配混料塑化的影响不存在协同效应，但硬脂酸钙或硬脂酸钡与费-托蜡或 EBS 并用对 PVC 配混料塑化的影响具有显著的协同效应。

2.3.2　PVC 润滑剂的作用机理

2.3.2.1　内润滑作用机理

一般认为，PVC 润滑剂的内润滑作用机理是一种假增塑机理[75,76]。在热塑加工温度下，与 PVC 相容的润滑剂溶入 PVC 熔体分隔 PVC 高分子链，增大了 PVC 高分子链间的距离，虽然间隔只有分子水平，但由于分子间力属近程相互作用力，这已足以有效降低 PVC 高分子链间的相互作用力。之所以说 PVC 润滑剂的内润滑作用机理是一种"假"增塑机理，是因为增塑剂在热塑加工和使用温度下均具有增塑作用，而 PVC 润滑剂只在热塑加工温度下具有增塑作用。为了达到这样的效果，显然，发挥内润滑作用的 PVC 润滑剂与 PVC 的相容性要比增塑剂低，具体的要求是，在热塑加工温度下足够高而在使用温度下又足够低。之所以 PVC 润滑剂与 PVC 的相容性在使用温度下要足够低，是为了避免增塑剂在低用量时产生反增塑作用[77]，导致制品脆性增大。

2.3.2.2　外润滑作用机理

（1）一般作用机理　一般认为，PVC 润滑剂是通过类似于机械润滑的边界润滑机理发挥外润滑作用的[78,79]。在 PVC 热塑加工过程中，润滑剂分散附着在各层级 PVC 粒子、PVC 熔体和加工设备金属表面形成润滑剂层，阻碍了 PVC 粒子、PVC 熔体和加工设备金属表面相互接触，降低了 PVC 各层级粒子间和 PVC 物料与加工设备金属表面间的相互作用力，把 PVC 各层级粒子间和 PVC 物料与加工设备金属表面间的摩擦转变为相对较弱的润滑剂层摩擦[80,81]。润滑剂层很薄即能有效发挥外润滑作用，因为 PVC 粒子间和 PVC 物料与加工设备金属表面间的相互作用力也是近程分子间力。显然，只有在特定热塑加工温度下熔融但不溶于 PVC 的润滑剂才在该条件下具有外润滑作用。

（2）协同作用机理　1984 年，Rabinovitch[82]等发表了硬脂酸钙和石蜡及其并用体系对 PVC 的润滑作用机理的研究结果。他们系统研究了硬脂酸钙和石蜡及其并用体系对 PVC 玻璃化转变温度（T_g）、脱模性、塑化温度和扭矩、挤出螺杆动力消耗及制品透明性、体相和表面形态、韧性的影响（见表 2-9 和图 2-49～图 2-51），得到了以下结论。

① 硬脂酸钙和石蜡均不溶于 PVC〔它们都不影响 PVC 的 T_g（见表 2-9）〕。

② 石蜡与 PVC 不相容、在 PVC 中分散差，而硬脂酸钙与 PVC 有一定的相容性、可润湿 PVC 表面并很好分散于 PVC 中〔石蜡和硬脂酸钙均明显

表 2-9　硬脂酸钙和石蜡及其并用体系对 PVC 的 T_g、

金属黏附性、挤出电流及制品雾度的影响

润滑剂		$T_g/℃$	金属黏附性	挤出电流/A			制品雾度/%
组分	用量/份			174℃	191℃	204℃	
—	—	78	非常黏	—	—	—	5.8
DOP 增塑剂	2.0	73	—	—	—	—	5.9
硬脂酸钙	2.0	78	不黏	40	28	27	76.3
石蜡	2.0	78	非常黏	36	26	26	98.1
硬脂酸钙/石蜡	0.5/1.5	—	—	—	—	—	91.0
	1.0/1.0	—	不黏	9	9	9	98.0
	0.5/1.5	—	—	—	—	—	98.1

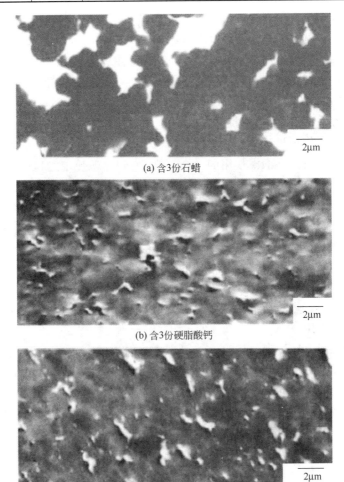

(a) 含3份石蜡

(b) 含3份硬脂酸钙

(c) 含1.5份石蜡和含1.5份硬脂酸钙

图 2-49　含石蜡和硬脂酸钙及其并用体系 PVC 开炼样品的透射电子显微镜照片

影响 PVC 的透明性但后者的程度较小（见表 2-9），石蜡会导致 PVC 塑料中初级粒子间存在大的空隙但硬脂酸钙不会（见图 2-49）］，硬脂酸钙可促进石蜡在 PVC 中分散［以硬脂酸钙和石蜡并用润滑的 PVC 塑料的体相形态与硬脂酸钙单独润滑的 PVC 塑料相似（见图 2-49）］。

③ 石蜡不能改进 PVC 的脱模性而硬脂酸钙及其与石蜡并用体系可以（见表 2-9）。

④ 硬脂酸钙与石蜡并用对 PVC 塑化温度和塑化扭矩的影响具有明显的协同效应，最佳并用比为 1∶3（见图 2-50）。

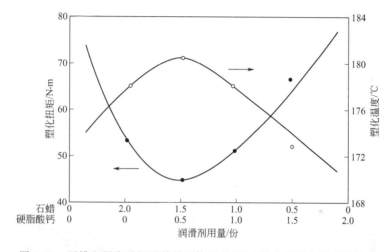

图 2-50　石蜡和硬脂酸钙及其并用体系对 PVC 塑化扭矩和温度的影响

⑤ 硬脂酸钙与石蜡并用对降低 PVC 挤出螺杆动力消耗具有明显的协同效应（见表 2-9）。

⑥ 硬脂酸钙与石蜡并用对提高 PVC 塑料韧性具有明显的协同效应（见图 2-51），而之所以存在这一协同效应应该在于两者并用可协同改进 PVC 的脱模性从而降低 PVC 熔体破裂（见图 2-52）。

在此基础上，他们提出了硬脂酸钙与石蜡及其并用体系对 PVC 的润滑作用机理，如图 2-53 所示。

硬脂酸钙是含强极性 CaOOC—基和非极性长碳氢链—$(CH_2)_{16}CH_3$ 的脂肪酸盐。当在 PVC 中添加硬脂酸钙时，它会润湿 PVC 和金属表面，即极性头黏附于极性 PVC 和极性金属表面，留下非极性"尾"向外伸展，剩余部分分散其间形成滑移层［图 2-53(b)］，从而阻碍 PVC 及其与金属表面直接相互接触。但是，硬脂酸钙由于极性基强烈相互吸引形成很像液晶的黏性层状结构［图 2-53(b)］，因此单独使用只能提供有限外润滑作用。

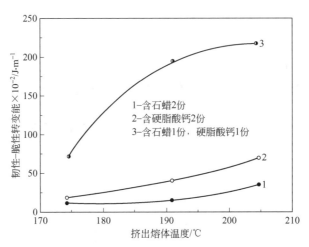

图 2-51　石蜡和硬脂酸钙及其并用体系对 PVC 挤出样品韧性的影响

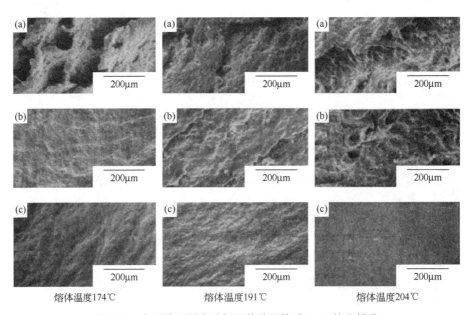

图 2-52　含石蜡和硬脂酸钙及其并用体系 PVC 挤出样品
表面的扫描电子显微镜照片

（a）含 2 份石蜡；（b）含 2 份硬脂酸钙；（c）含 1 份石蜡和含 1 份硬脂酸钙

　　石蜡是非极性直链烃类化合物。当在 PVC 中单独添加石蜡时，它自身凝聚成团，不能润湿极性 PVC 和金属表面，所以不能有效阻碍 PVC 及其与金属表面直接相互接触［图 2-53(c)］，外润滑作用非常有限。

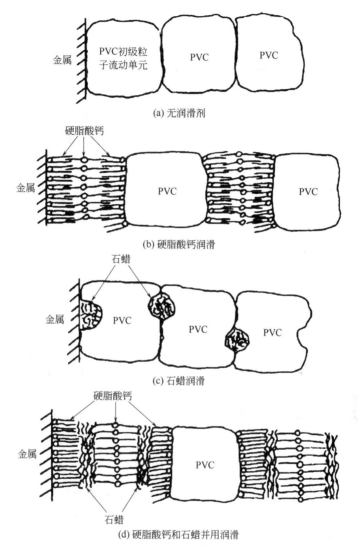

(a) 无润滑剂

(b) 硬脂酸钙润滑

(c) 石蜡润滑

(d) 硬脂酸钙和石蜡并用润滑

图 2-53　硬脂酸钙与石蜡及其并用体系对 PVC 的润滑作用机理模型

〰〰表示碳氢链；○表示极性头

　　当在 PVC 中同时添加硬脂酸钙和石蜡时，硬脂酸钙会润湿 PVC 和金属表面，非极性烷烃石蜡分子既不被硬脂酸钙极性基和 PVC，也不被金属表面吸引，它们插入相邻硬脂酸钙非极性"尾"之间形成滑移层，由于其自身相互间及与硬脂酸钙的非极性碳氢"尾"间相互吸引力小，因此可对 PVC 产生有效的外润滑作用［图 2-53(d)］。

　　换句话说，当硬脂酸钙和石蜡并用时，硬脂酸钙通过润湿金属及 PVC

粒子和熔体表面使其非极性化，而石蜡通过形成"易滑移层"对 PVC 产生协同外润滑作用。

上述机理可以合理解释硬脂酸钙和石蜡对 PVC 外润滑作用的协同效应，也可推广应用于理解其他 PVC 润滑剂体系的协同外润滑作用[83,84]。

2.3.3　PVC 润滑剂的润滑功能

这里，PVC 润滑剂的润滑功能指 PVC 润滑剂产生润滑作用的物理化学作用模式。根据上述润滑作用机理，PVC 润滑剂的润滑功能与对应的润滑作用可概括于表 2-10。

表 2-10　PVC 润滑剂的功能与润滑作用

润滑作用	大类	外润滑			内润滑
	小类	PVC-PVC 粒子润滑	PVC(粒子/熔体)-金属润滑		—
润滑功能	全述	使 PVC 表面非极性化改性	使 PVC-PVC/金属表面滑移	使金属表面非极性化改性	使 PVC-PVC 分子链滑移
	简称	PVC 表面改性	外滑移	金属表面改性	内滑移

2.3.4　PVC 润滑剂的功能-结构关系

根据 Summers[55]最近发表的一篇研究报告，PVC 润滑剂可看作广义长链双亲化合物（表面活性剂），它们的润滑功能取决于其极性头的极性和非极性碳氢链的长度。

2.3.4.1　与极性头极性的关系

在 PVC 润滑剂体系中，不含极性头的润滑剂、即长链非极性烃类化合物型润滑剂，如石蜡，通过形成易滑移层而发挥外润滑作用。

如前所述，加工设备金属表面由于形成氧化物而具有强极性。因此，含强极性头的长链双亲化合物型润滑剂，如金属皂类润滑剂，由于可以有效润湿金属表面，可发挥有效的 PVC-金属表面间润滑作用。有机酸是一个特殊情况，虽然其极性头的极性并不非常强，但由于能与金属表面的氧化物反应形成含强极性头的金属皂，也能有效润湿金属表面，因此也可发挥有效的"PVC-金属表面间润滑作用"。

由于 PVC 具有中等极性，因此，那些含有中等极性头的长链双亲化合物型润滑剂，如酯类润滑剂，由于与 PVC 具有强相容性可发挥强内润滑作用。显然，其极性头极性与 PVC 极性越接近的长链双亲化合物型润滑剂对 PVC 的内润滑作用越强。按理，这样的润滑剂应能最有效润湿 PVC 粒子表面，因此应能发挥最强的"PVC 粒子间润滑作用"。但是，可能由于它们强烈促进 PVC 树脂塑化，因此实际呈现的"PVC 粒子间润滑作用"并不强。

实际上，只有那些极性头极性与 PVC 极性存在适当差距的长链双亲化合物型润滑剂具有最强的"PVC 粒子间润滑作用"。

PVC 和可反映常用类型润滑剂极性头极性的小分子化合物的溶解度参数见表 2-11。

表 2-11　PVC 和可反映常用类型润滑剂极性头极性的
小分子化合物的溶解度参数

聚合物/溶剂	溶解度参数/MPa$^{1/2}$	相应润滑剂	聚合物/溶剂	溶解度参数/MPa$^{1/2}$	相应润滑剂
PVC	20.2	—	醋酸	20.7	羧酸
n-癸烷	13.5	烃蜡	乙醇	26	醇
丙烯酸正丁酯	18.0	润滑型加工助剂	乙酰甲胺	29.9	酰胺
醋酸甲酯	19.6	酯	醋酸盐	高	金属皂

注：1. 溶解度参数越大，极性越大；

2. 醋酸盐的数据未查到，但由于是离子性化合物，可以估计具有高溶解度参数。

2.3.4.2　与碳氢链长度的关系

对于含极性头的润滑剂，可以预期，当它们通过润湿金属及 PVC 粒子和熔体表面起外润滑作用时，其性能将随碳氢链增长而增强，因为碳氢链增长可更有效隔离极性 PVC 和金属表面，见图 2-54。但是，含极性头润滑剂的外润滑性能随碳氢链增长而增强的幅度可能是衰减性的，因为碳氢链并不是刚性的。

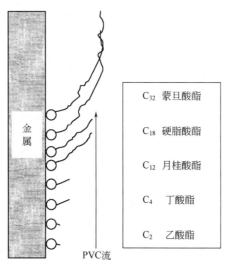

图 2-54　含极性头润滑剂对金属表面的遮蔽作用

具有内润滑功能的润滑剂，当其碳氢链增长到一定长度后，可能兼具外润滑功能。以酯类润滑剂为例，当酯基（COO）所连接的碳氢链尾端只含几个亚甲基（CH$_2$）时，在 PVC 中具有相当大的溶解性。有研究表明，酯在亚甲基/酯基比 $[n(CH_2)/n(COO)]$ 为 7 时在 PVC 中具有最大溶解度。这意味着，含较长碳氢链的酯类润滑剂会在把极性头埋入 PVC 流动单元表面的同时，留下一定程度碳氢链尾端暴露在外，见图 2-55。

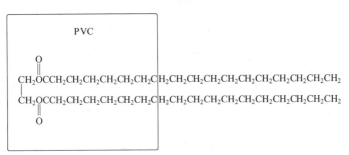

图 2-55　乙二醇二硬脂酸酯与 PVC 流动单元的相互作用

增塑剂和不同结构类型润滑剂与 PVC 和金属表面的相互作用模式见图 2-56。

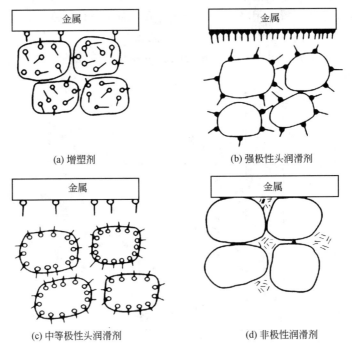

(a) 增塑剂　　　　　　　　　　　(b) 强极性头润滑剂

(c) 中等极性头润滑剂　　　　　　(d) 非极性润滑剂

图 2-56　增塑剂和不同结构类型润滑剂与 PVC 和金属表面的相互作用模式

不同结构类型润滑剂对 PVC 的协同润滑作用模式见图 2-57。

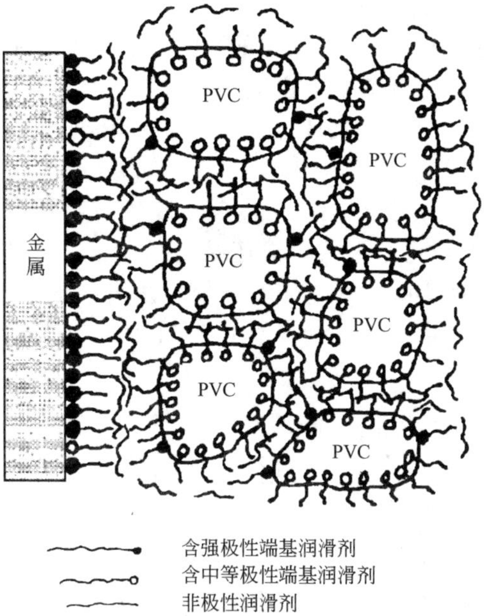

　含强极性端基润滑剂
　含中等极性端基润滑剂
　非极性润滑剂

图 2-57　不同结构类型润滑剂对 PVC 的协同润滑作用模式

2.3.5　PVC 润滑剂的功能转变

2.3.5.1　随物料塑化状态转变

由前述的讨论不难看到，PVC 润滑剂实际上能够发挥的功能将随物料塑化状态的变化而转变。

在物料开始塑化前，PVC 润滑剂只可能分布在 PVC 各层级粒子及其与加工设备金属表面间，因此 PVC 润滑剂只可能发挥 PVC 粒子间和 PVC 粒子-金属表面间润滑作用。

在物料开始塑化至塑化完成前，可溶于 PVC 的润滑剂逐渐溶入 PVC 熔体发挥内润滑作用，余下部分分布在 PVC 各层级粒子、熔体和加工设备金属表面间，发挥外润滑作用。

在物料塑化完成后，PVC 润滑剂只可能分布在熔体内和熔体与加工设备金属表面间，因此只可能发挥 PVC 熔体-金属表面间润滑作用和内润滑作用。

显然，由于在 PVC 热塑加工过程的不同阶段物料的塑化状态不同，因此，润滑剂在这些不同的加工阶段可能发挥的功能也会随之变化。

2.3.5.2　随温度转变

理论上，由于溶解一般是一个熵增加过程，因此溶解度随温度提高而增大。这就意味着，PVC 润滑剂的内润滑功能会随温度的提高而增强而外润滑功能会随温度的提高而下降。

由于在正常的加工过程中，物料的温度和塑化状态随加工进程的推进而变化，因此，PVC 润滑剂的功能也随加工进程的推进而相应转变。这可能正是 PVC 润滑剂在加工进程的不同阶段（如所谓初、中、后期）显示不同功能和性能的主要原因。

2.3.5.3 随用量转变

由于 PVC 润滑剂究竟起内润滑还是外润滑作用取决于其是否溶解于PVC，因此用量可能影响其功能。不难理解，当用量低于溶解度时，PVC润滑剂起内润滑作用，而当用量超过溶解度时，它将兼具内、外润滑作用。

2.3.6 PVC 润滑剂的性能递变

关于 PVC 润滑剂的性能递变规律，Lindner[85]、Fahey[86] 和 Treffler[87] 等已对几个重要体系进行了总结。

2.3.6.1 脂肪醇和脂肪酸

长链脂肪醇一般与 PVC 相容性高，可促进 PVC 熔体流动，具有内润滑剂的功能。但是，如果比较一系列配方，它们的差异仅在脂肪醇的碳链长度不同，那么可以观测到，塑化时间随碳链的延长而延长。$C_{16} \sim C_{18}$ 醇和 C_{22} 醇的塑化时间比较见表 2-12。

表 2-12 $C_{16} \sim C_{18}$ 醇和 C_{22} 醇的塑化时间比较

润滑剂	塑化时间/min	塑化扭矩/N·m
$C_{16} \sim C_{18}$ 醇	4.6	35.2
C_{22} 醇	7.3	31.9

注：配方（份）：PVC 100，三碱式硫酸铅 2，硬脂酸钙 0.2，润滑剂 2。

这表明，随碳链延长，脂肪醇的外润滑作用增强。实验结果显示，脂肪酸的润滑性能也呈现类似的递变规律。

2.3.6.2 羧酸酯

研究表明，由脂肪酸和脂肪醇反应得到的简单酯的润滑性能具有以下递变规律。

（1）与脂肪醇和脂肪酸相似，外润滑性能也随碳链延长而增强（见表2-13）。

（2）酯基在分子中的位置在一定范围内变动对润滑性能的影响不大，见表 2-14。

表 2-13　链长对简单酯润滑性能的影响

润滑剂	碳链长度	塑化时间/min	塑化扭矩/N·m
硬脂酸棕榈醇酯	32	2.0	39.2
硬脂酸硬脂醇酯	35	7.3	29.2
山嵛酸硬脂醇酯	39	15.0	24.1
山嵛酸山嵛醇酯	43	42.5	22.9

注：配方（份）：PVC 100，硫醇锡 1.5，硬脂酸钙 0.2，润滑剂 2。

表 2-14　硬脂酸月桂酯润滑性能比较

润滑剂	结构特征	塑化时间/min	塑化扭矩/N·m
硬脂酸月桂醇酯	C_{12}—O—C(=O)—C_{17}	5.5	27.4
月桂酸硬脂醇酯	C_{18}—O—C(=O)—C_{11}	6.0	27.8

注：配方（份）：PVC 100，三碱式硫酸铅 2，硬脂酸钙 0.3，润滑剂 2。

对于含有多个酯基的羧酸酯，润滑性能存在以下主要递变规律。

（1）与脂肪醇、脂肪酸和简单酯相似，外润滑性能随碳链延长而增强（见表 2-15）。

表 2-15　脂肪醇链长对邻苯二甲酸二酯润滑性能的影响

润滑剂	塑化时间/min	塑化扭矩/N·m
邻苯二甲酸二月桂醇酯	3.2	39.2
邻苯二甲酸二硬脂醇酯	14.5	22.9
无润滑剂	2.0	

注：配方（份）：PVC 100，三碱式硫酸铅 2，硬脂酸钙 0.3，润滑剂 2。

（2）链长不变但增加极性基团，由于极性增大提高了与 PVC 相容性，内润滑性能增强（见表 2-16）。

表 2-16　增加极性基团对润滑性能的影响

润滑剂	塑化时间/min	塑化扭矩/N·m
三硬脂酸甘油酯	19.0	22.5
三(12-羟基硬脂酸)甘油酯	1.2	47.0
大豆油	11.7	32.3
环氧大豆油	2.2	37.2

注：配方（份）：PVC 100，三碱式硫酸铅 2，硬脂酸钙 0.3，润滑剂 2。

（3）分子结构对称性提高，极性下降，外润滑性能增强（见表 2-17）。

表 2-17　分子结构对称性对润滑性能的影响

润滑剂	结构特征	熔点/℃	塑化时间/min	塑化扭矩/N·m
邻苯二甲酸二硬脂醇酯		54	4.2	38.0
间苯二甲酸二硬脂醇酯		51	6.8	35.5
对苯二甲酸二硬脂醇酯		85	7.3	34.5
无润滑剂	—	—	0.6	54.3

注：配方（份）：PVC 100，三碱式硫酸铅 2，硬脂酸钙 0.3，润滑剂 2。

（4）酯基间的距离也对润滑性能有一定影响，在碳链总长一定时，随酯基间距增大，内润滑性能有所增强（见表 2-18）。

表 2-18　酯基间距对润滑性能的影响

润滑剂	结构特征	熔点/℃	塑化时间/min	塑化扭矩/N·m
双硬脂酸乙二醇酯		73.7	7.7	29.6
双棕榈酸1,6-己二醇酯		56.0	5.5	30.8
双肉豆蔻酸1,10-癸二醇酯		54.5	5.1	31.8

注：配方（份）：PVC 100，三碱式硫酸铅 2，硬脂酸钙 0.3，润滑剂 1。

为了研究多元醇酯润滑性能的递变规律，Fahey 等[86]选用 5 种羟基数不同的多元醇与 4 种碳链长度不同的脂肪酸合成了酯化度为 1～4 的多元醇酯。4 种脂肪酸为 2-乙基己酸（C_8）、辛酸（55%）/癸酸（45%）混合物（C_8/C_{10}）、硬脂酸（C_{18}）和山嵛酸（C_{22}）。由羟基数递增的多元醇合成的酯记为酯 A～E；由 2-乙基己酸、55%/45%辛酸/癸酸化合物、硬脂酸和山嵛酸合成的酯记为酯 H～K；酯化度（每摩尔醇结合的酸摩尔数）为 1～4

的酯记为酯 M～P。

研究结果表明，影响多元醇酯润滑性能的主要因素包括醇、酸的结构和酯化度。

不同结构多元醇酯对 PVC 配混料塑化时间和粘辊时间的影响列于表 2-19～表 2-21。

表 2-19　多元醇羟基数对多元醇酯润滑性能的影响

润滑剂	塑化时间/min	粘辊时间/min
无	0.9	5
GMS	1.7	6
多元醇酯 A	2.8	17
多元醇酯 B	3.3	22
多元醇酯 C	7.0	23
多元醇酯 D	8.2	28
多元醇酯 E	>30	>60

注：配方（份）：PVC 100，硫醇锡 1.5，润滑剂 1。

表 2-20　脂肪酸碳链长度对多元醇酯润滑性能的影响

润滑剂	塑化时间/min[①]	粘辊时间/min[②]
无	1.9	6
多元醇酯 H	2.2	9
多元醇酯 I	2.3	12
多元醇酯 J	3.2	22
多元醇酯 K	3.7	>60

① 配方（份）：PVC 100，硫醇锡 2.0，冲击改性剂 6.0，加工助剂 2.0，二氧化钛 12，硬脂酸钙 0.8，润滑剂 1.5。

② 配方（份）：PVC 100，硫醇锡 1.5，硬脂酸钙 0.2，润滑剂 2。

表 2-21　酯化度对多元醇酯（B 型）润滑性能的影响

润滑剂	粘辊时间/min
无	6
多元醇酯 M	7
多元醇酯 N	14
多元醇酯 O	9
多元醇酯 P	>30

注：配方（份）：PVC 100，硫醇锡 1.5，硬脂酸钙 0.2，润滑剂 0.5。

由表 2-12～表 2-21 可见，PVC 配混料塑化时间和粘辊时间均随酯润滑剂对应醇羟基数、酸碳链长度和酯化度的增大而延长，反映酯润滑剂对 PVC 的外润滑性能随对应醇羟基数、酸碳链长度和酯化度的增大而增强。

2.3.6.3 聚烯烃蜡和氧化聚乙烯蜡

为研究聚乙烯蜡（PE-Wax）、聚丙烯蜡（PP-Wax）及氧化聚乙烯蜡（OPE-Wax）对 PVC 润滑性能的递变规律，Treffler[87] 各测试了具有代表性的 5 种结构和理化性质不同的聚乙烯蜡/聚丙烯蜡及氧化聚乙烯蜡（见表 2-22）对硬质 PVC 挤出压力、能量消耗和制件光泽度的影响（见图 2-58～图 2-63）。

表 2-22　几种聚乙烯蜡、聚丙烯蜡和氧化聚乙烯蜡的结构特征和理化性质

品种	结构特征	滴点/℃	黏度/mPa·s	密度(23℃)/g·cm⁻³	酸值/mg KOH·g⁻¹	结晶度
PEW-1		约 120	约 350(170℃)	约 0.93	—	低
PEW-2		约 105	约 300(170℃)	约 0.93	—	低
PPW-1		约 163	约 1700(170℃)	约 0.89	—	高
PPW-2		约 90	约 1800(170℃)	约 0.88	—	低
PPW-3		约 145	约 60(170℃)	约 0.90	—	高
OPEW-1		约 104	约 200(140℃)	—	约 17	—
OPEW-2		约 106	约 150(140℃)	—	约 22	—
OPEW-3		约 123	约 3000(140℃)	—	约 17	—
OPEW-4		约 125	约 2500(140℃)	—	约 10	—
OPEW-5		约 120	约 1500(140℃)	—	约 25	—

（1）聚烯烃蜡　聚乙烯蜡和聚丙烯蜡是非极性化合物，与 PVC 不相容，润滑功能与石蜡类似，可通过形成滑移层发挥外润滑作用。因此，它们可以降低 PVC 的挤出压力和能量消耗。

将图 2-58 和图 2-59 的测试结果与表 2-22 的理化性质对比可以看到，PVC 配混料的挤出压力和能量消耗随所含聚乙烯蜡/聚丙烯蜡结晶度提高和黏度降低而下降，而相比之下，结晶度的影响更为明显。这表明，聚乙烯蜡/聚丙烯蜡的外润滑性能随其结晶度提高和黏度降低而增强，而相比之下，结晶度的影响更为明显。

（2）氧化聚乙烯蜡　氧化聚乙烯蜡是含有羧基等极性基团的极性化合

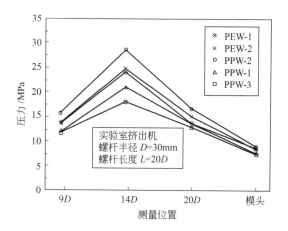

图 2-58　不同品种聚烯烃蜡对 PVC 挤出压力的影响

配方（份）：

S-PVC（K 值 68）	100	Ca/Zn 稳定剂 A	2.4
CaCO$_3$	5	甘油双硬脂酸酯	0.4
TiO$_2$	4	氧化聚乙烯蜡	0.15
冲击改性剂	7	试验润滑剂	0.2
加工助剂	1		

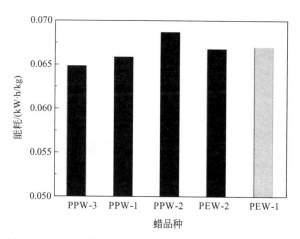

图 2-59　不同品种聚烯烃蜡对 PVC 挤出能量消耗的影响

（配方同图 2-58）

物，与 PVC 部分相容，具有内润滑功能并可通过润湿金属表面发挥"PVC-金属表面间润滑作用"。因此，它们会因促进塑化而提高 PVC 的挤出压力和能量消耗，与此同时，可以提高 PVC 熔体的脱模性从而提高制件的光泽度。

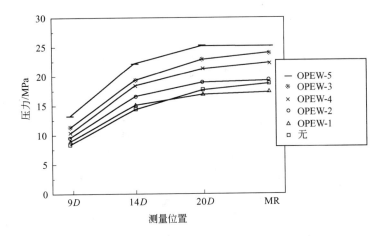

图 2-60　不同品种氧化聚乙烯蜡对 PVC 挤出压力的影响

配方（份）：

S-PVC（*K* 值 68）	100	加工助剂	1
CaCO₃	5	Ca/Zn 稳定剂 B	4.8
TiO₂	4	羟基硬脂酸	0.2
冲击改性剂	7	试验润滑剂	0.2

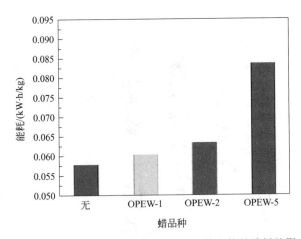

图 2-61　不同酸值氧化聚烯烃蜡对 PVC 挤出能量消耗的影响

（配方同图 2-60）

比较图 2-60～图 2-62 的测试结果和表 2-22 的理化性质可以看到，PVC 配混料的挤出压力和能量消耗随所含氧化聚乙烯蜡的酸值（氧化程度的衡量）和黏度的增大而提高，表明氧化聚乙烯蜡的内润滑性能随其酸

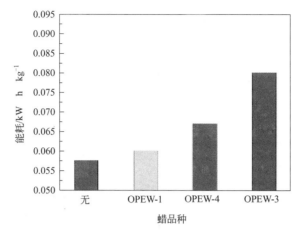

图 2-62　不同黏度氧化聚烯烃蜡对 PVC 挤出能量消耗的影响

（配方同图 2-60）

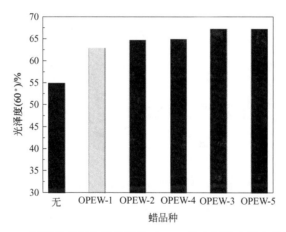

图 2-63　不同品种氧化聚烯烃蜡对 PVC 挤出制件光泽度的影响

（配方同图 2-60）

值和黏度的增大而增强。根据图 2-63 的测试结果，氧化聚乙烯蜡的 PVC-金属表面间润滑性能也呈现类似于内润滑性能的递变规律，不过递变幅度较小。

2.3.7　PVC 润滑剂的分类

2.3.7.1　按化学结构分类

表 2-23 按极性头极性总体上自上而下减弱的顺序列出了常用 PVC 润滑剂的化合物类型及其结构特征[88]。

表 2-23 常用 PVC 润滑剂的化合物类型及其结构特征

化合物类型	结构特征	极性头极性
金属皂	$(n=1\sim3)$	高 ←————————→ 低
酰胺		
醇		
酸		
氧化聚乙烯蜡		

续表

化合物类型		结构特征	极性头极性（高 → 低）
酯	简单		
	复杂	二元酸　多元醇　多元醇　$(n=1\sim6)$	
烃蜡	聚烯烃蜡	$(C_{120}\sim C_{700})$	
	石蜡	$(C_{20}\sim C_{70})$	

2.3.7.2 按润滑作用和功能分类

传统上，通常按其发挥功能的部位（也即产生润滑作用的部位）是在熔体内还是熔体外（取决于与 PVC 的相容性），将 PVC 润滑剂分为内润滑剂和外润滑剂。现在看来，这一分类方案必须修订，因为如前所述，同样在熔体外发挥功能的外润滑剂，其具体的作用和功能是有区别的。为此，Lindner[89]曾建议将外润滑剂分为成膜剂（film-former）和不相容剂（incompatible）。然而，根据前述有关讨论，这一分类尚未贴切反映 PVC 外润滑剂的作用和功能。对应于表 2-10，按表 2-24 分类应能更恰当体现 PVC 润滑剂的润滑作用与功能。

表 2-24　PVC 润滑剂按润滑作用与功能分类

按润滑作用分类	大类	外润滑剂			内润滑剂
	小类	PVC-PVC 粒子润滑剂	PVC-金属表面润滑剂		—
按润滑功能分类	全称	PVC 表面非极性化改性剂	PVC-PVC/金属表面滑移剂	金属表面非极性化改性剂	PVC-PVC 分子链滑移剂
	简称	PVC 表面改性剂	外滑移剂	金属表面改性剂	内滑移剂

但是，正如已有研究者[90]指出的，严格地讲，把 PVC 润滑剂按润滑作用和功能分类并不恰当。这是因为，大多数润滑剂是多功能和多作用的，并且其实际发挥的功能和作用还会随物料塑化状态、温度、用量等因素的变化而转变，它们不能归属于单一的功能和作用类型。不过，保留有关术语还是有一定作用的，例如便于表述和交流。

笔者觉得，换一种思路，参照 Summers[55]的模式列出各化合物类型、甚至各别润滑剂可能发挥的润滑功能，应该对认识和应用 PVC 润滑剂更有指导意义。常用化合物类型 PVC 润滑剂在合理使用情况下所具有的功能见表 2-25。

应该注意的是，由于大多数润滑剂是多功能的，简单以相容性大小，尤其以在特定、甚至偏离实际加工条件下测定得到的相容性数据为依据[94~97]来表征 PVC 润滑剂的功能，并对 PVC 润滑剂进行分类似乎也不很科学。应该注意的还有，正如前面已经论及，由于 PVC 只有中等极性，因此，按照相似相容原理，并非极性越大的润滑剂对 PVC 的内润滑作用就越强而外润滑作用越弱。

可以概括地说，对于 PVC 润滑剂，重要的不在于归类，而在于弄清其所具有的功能以及每项功能的强弱（性能）；细化和完善表 2-16 是 PVC 润滑剂应用理论研究的重要课题。

表 2-25　常用化合物类型 PVC 润滑剂的润滑功能

化合物类型		代表性品种	润滑功能				极性头极性
			PVC 表面改性	外滑移	金属表面改性	内滑移	
金属皂		硬脂酸钙①	强	弱	中强	弱	强
酰胺		亚乙基双硬脂酰胺	中	中	中	中	
醇		硬脂醇	弱	弱	弱	中强	
脂肪酸		硬脂酸	弱	弱	中强	中强	
氧化聚乙烯蜡		—	中	弱~中强	强	中	
酯	简单	单硬脂酸甘油酯	弱	弱	弱	强	
		硬脂酸硬脂醇酯	中	中强	弱	中	
	复杂	己二酸-硬脂酸季戊四醇酯	中~强	中~强	中~强	弱~中	
聚烯烃蜡		—	弱	强	弱	弱	
石蜡		—	弱	中~中强	弱	弱	弱

　① 硬脂酸钙在有些应用中显示促进 PVC 塑化的特性[90~92]，一直被误认为是一种内润滑剂[82]。实际上，硬脂酸钙增大熔体黏度、降低剪切和流动速率，不是内润滑剂而是外润滑剂，它之所以促进 PVC 塑化、表现"表观"的内润滑效应，是因为其形成的滑移层黏度高，摩擦生热大，对机械力的传递效率高，加速了物料升温[82,90,93]。

2.3.7.3　按组分复杂性分类

按组分复杂性不同，PVC 润滑剂还有单组分润滑剂和复合润滑剂之分。

（1）单组分润滑剂　只含一种化合物的润滑剂，可直接用于 PVC 配混料，也可作为配制复合润滑剂的组分。

（2）复合润滑剂　按一定的工艺配制而成的含两种或多种组分的润滑剂体系，对于特定的应用对象具有平衡的综合性能和优化的性价比，同时可避免计量出错并且使用方便。

2.3.8　选用 PVC 润滑剂的一般原则

为以最高的效率和最低的成本生产出具有最佳质量的特定 PVC 塑料，选用润滑剂时要考虑很多因素。这些因素包括：塑料中的其他组分，特别是有无增塑剂存在（即是软质还是硬质制品），所用的加工设备和条件，希望最终制品具有的质量。关于如何选用 PVC 润滑剂，怀特[98]已作了非常有参考价值的阐述。

2.3.8.1　软质 PVC 加工的润滑剂选用

在软质 PVC 中，由于增塑剂能有效降低熔体的黏度，因此一般只需外润滑剂。软质 PVC 中常用的润滑剂主要有：脂肪酸、金属皂、烃蜡、长链酯和酰胺类。这些润滑剂在软质 PVC 中只有有限的相容性。

在开炼机混炼时，外润滑剂可使辊筒工作表面上的物料有效混合，并能防止粘辊。在压延加工中外润滑剂的功能是相似的，但也有一些特殊的作用，那就是有利于辊间转移和脱辊，并保证薄膜和片材的表面光洁度。在挤出加工时，润滑剂能预防物料黏附和滞留在机筒壁和螺杆的螺槽内，有利于制品脱模，并保证其表面平滑性和光泽。在注塑成型加工中，外润滑剂能预防物料黏附机筒壁，有利于物料从模腔中脱出，但在压缩模塑加工中，则只有后一种功能。对于增塑糊、稀释增塑糊和溶液，当有溶剂化能力低的增塑剂或有降黏剂和脱气剂存在时，没有必要为脱模目的而加入外润滑剂。在搪塑和旋转模塑中，为使脱模顺利，可能需要加入外润滑剂。对于涂料，由于需要最大的黏合力，显然必须避免使用外润滑剂。

在软质 PVC 中，外润滑剂的用量一般在 0.25～1.5 份范围。具体的用量须视树脂、增塑剂以及配方中其他组分的类型和用量而定，因为所以这些组分都可能影响润滑效果。

不同的 PVC 树脂具有不同的塑化特性，因此对润滑剂有不同要求。

增塑剂的相容性和溶剂化特性相差非常大。增塑剂通常按相容性的不同划分为主增塑剂和辅助增塑剂。辅助增塑剂诸如烃类增量剂、氯化石蜡和环氧硬脂酸酯等，由于相容性有限，可赋予软质 PVC 很强的外润滑性。在配方设计中应考虑并利用辅助增塑剂的润滑作用。

热稳定剂的润滑特性变化很大，是制定润滑剂体系必须特别考虑和利用的因素。

填料随类型和用量的不同，会对 PVC 物料的润滑性产生不同影响。使用表面无覆盖层的填料，尤其是粒度较小的填料，可能需要配用超量的外润滑剂，因为这类填料能吸收硬脂酸等外润滑剂。表面覆盖有硬脂酸或硬脂酸钙的填料，可能不要求改变外润滑剂的用量，或可能需要略微减少外润滑剂的用量。

制定 PVC 润滑剂体系时可能还须考虑和利用其他类型添加剂的影响，例如，相容性有限的抗静电剂和某些杀菌剂也可产生少许外润滑效果。

对于透明软制品的加工，应选用在使用温度下与 PVC 和增塑剂相容性好的润滑剂。

2.3.8.2 硬质 PVC 加工的润滑剂选用

在硬质 PVC 加工中，内、外润滑剂都是需要的。润滑剂的选用无论对于加工性还是热稳定性都至关重要，其重要性与热稳定剂的选用相同。在一些特殊场合或许可能使用单一润滑剂，通常要将两种或多种润滑剂配合使用。同时使用几种不同的润滑剂，有利于有效利用相容性差异和协同效应达到润滑性能的最佳平滑，并从而优化制品的质量。在硬质 PVC 加工中，依据具体情况的不同，润滑剂的用量可低至 0.25 份（当使用有润滑性能的热稳定剂时），也可高至 3～4 份。

在压延硬质 PVC 片材时，使用外润滑剂可使物料延迟塑化，在压延辊的工作面上有效混合、易于在辊间转移并脱辊。内润滑剂则可减少摩擦生热，从而提高物料的热稳定性。

挤出成型加工对润滑剂的要求随制品的类型（管材、型材、板材、片材等）、挤出机的类型、螺杆的结构和类型（是单螺杆还是多螺杆）以及口模的结构而定。以尽可能高的挤出速率生产高质量的制品是润滑剂体系设计的目标。初看起来，要提高挤出速率应加快塑化并降低熔体黏度。这意味着使用最小量的外润滑剂和最大量的内润滑剂。不过应该注意，如果塑化太快，物料在螺杆喂料段的前段即已塑化形成熔体，动力消耗可能变得过大。另外，这种做法还会造成熔体因经受有效剪切时间太长、料温过高而降解的问题。因此，并不能为了得到高生产速率而追求太快的塑化，而是应当通过合理设计润滑剂体系使物料能在给定挤出机中受到剪切时具有适当的受控的塑化速率。

单螺杆挤出机的螺杆有为了高剪切力和低剪切力而设计的两种。当使用低剪切力螺杆时，特别是具有深螺槽喂料段的螺杆时，应避免使用过多的润滑剂，包括内润滑剂和外润滑剂，以免阻碍热稳定剂、冲击改性剂以及其他组分的分散和熔体的均化。高剪切力螺杆一般允许使用并要求使用较多的润滑剂。多螺杆挤出机的操作温度较低，剪切力较大，塑化效果好，一般需要较多外润滑剂和较少的内润滑剂。

不同的口模要求挤出机供给具有不同特性的熔体。导管和管材口模的要求较片材和型材口模低。在片材和型材口模内，PVC 熔体流动时经历的流谱比较复杂，生成的摩擦热较多，剪切降解较严重，因此内润滑剂的用量必须较大，以便得到较低的熔体黏度；但是，润滑剂体系须经仔细设计，因为熔体又必须有足够的黏度，以便在离开口模之后冷却之前保持其形状。

注射成型和中空吹塑对润滑剂的要求与挤出片材和型材的要求相仿。硬质 PVC 的注射成型限于使用单螺杆注射机，熔体通过流道和浇口进入模具时受到的剪切很强烈，要求熔体黏度较低，因此润滑剂用量较大。由于这种特殊的剪切问题，注射成型通常采用分子量较低的树脂。这一情况也适用于中空吹塑和薄膜吹塑。

与软质 PVC 的情况一样，硬质 PVC 中的各组分也会影响润滑剂的需要量。高分子量的 PVC 树脂比低分子量的 PVC 树脂塑化慢，熔体黏度高。因此，在高分子量 PVC 加工中，一般要使用较少的外润滑剂和较多的内润滑剂。本体聚合的 PVC 树脂比悬浮聚合的 PVC 树脂易塑化，而悬浮聚合的 PVC 树脂又比乳液聚合的 PVC 树脂易塑化。由于外润滑作用的变化与树脂塑化速率和随塑化程度的变化方向相反，因此使用过多的外润滑剂就可以将本体树脂换为悬浮树脂再换为乳液树脂。

在制定硬质 PVC 润滑剂体系时，当然也要特别考虑和利用热稳定剂的影响和作用。在硬质 PVC 中，一般不含通常的增塑剂。但是，冲击改性剂以及可能具有一定增塑效应因而有助于加工的聚合物添加剂，在许多硬质 PVC 塑料中都存在。这类聚合物添加剂随着类型和用量的不同，对润滑剂的需要量有不同的影响。改性剂 ABS 要求补加润滑剂，丙烯酸类和 MBS 改性剂有相似的需要。氯化聚乙烯（CPE）冲击改性剂的润滑性较 ABS 或 MBS 强，因此不需对润滑剂作很多调整。应当注意，在为冲击改性剂改性的 PVC 制定润滑剂体系时，润滑剂与 PVC 和冲击改性剂的相容性都必须加以考虑。例如，烃蜡类润滑剂与 ABS、MBS 和 CPE 的相容性大于与 PVC 的相容性，因此其润滑性能将降低。

硬质 PVC 与软质 PVC 相比，填料对润滑剂需要量的影响甚至更大。

加工透明硬质 PVC 制品时，也必须选用在使用温度下与 PVC 相容性好的润滑剂。

2.3.8.3 润滑平衡

润滑平衡指能在给定材料和设备条件下以最高综合效益（能耗、物耗最低，产量最高因而成本最低）生产出质量符合要求的合格 PVC 制品的润滑效果。这意味着，配混料的内润滑性和外润滑性，包括金属表面润湿性、PVC 表面润湿性和外滑移性，对于给定材料和加工条件而言均要恰到好处。反映到润滑剂体系，就是组分选择要合理、组分配比和用量要恰到好处。之所以塑料加工要求润滑平滑，那是因为配混料润滑性的变化往往会在生产能耗、物耗、产量和各项制品质量之间产生相互矛盾。这种矛盾在 PVC 制品加工中尤为复杂，因为 PVC 作为一种具有独特结构和加工性质又对热不稳定的聚合物，其受配混料润滑特性影响特别大，并且影响特别敏感。在实际生产中，配混料润滑特性往往只是非常轻微偏离平衡状态，就会导致不可回避的困难。因此对于 PVC 加工，尤其硬质 PVC 加工，润滑剂体系制定及优化是一项关键技术工作。由于情况太复杂，PVC 润滑剂体系的优化是一项既需要原理指导（本章），又需要知识和技能准备（第 3、第 4、第 5 章及设备方面），更需要经验积累才能有效完成的"较高技术含量"[99]技术任务。关于润滑平衡在 PVC 加工中的重要性的更具体表现以及如何优化 PVC 润滑剂体系，将在第 6 章讨论。

参 考 文 献

[1]　Berens A R，Folt V L. Resin particles as flow units in poly（vinyl chloride）Melts. Trans Soc Rheol，1967，11（1）：95-111.

[2]　Collins E A，Krier C A. Poly（vinyl chloride）melt rheology and flow activation energy. Trans Soc Rheol，1967，11（2）：225-242.

[3]　威尔克斯 C E，萨默斯 J W，丹尼尔斯 C A. 聚氯乙烯手册. 乔辉，丁筠，盛平厚等译. 北京：化学工业出版社，2008. 44-48.

[4]　Summers J W. A review of vinyl technology. J Vinyl Addit technol，1997，3（2）：130-139.

[5]　Ohta S，Kajiyama T，Takayanagi M. Annealing effect on the microstructure of poly（vinyl chloride）. Polym Eng Sci，1976，16（7）：465-472.

[6]　Gilbert M. Crystallinity in poly（vinyl chloride）. J Macromol Sci-Phys，1994，C34（1）：77-135.

[7]　Summers J W. The nature of poly（vinyl chloride）crystallinity-the microdomain structure. J Vinyl Technol，1981，3（2）：107-110.

[8]　Davidson J A，Witenhafer D E. Particle structure of suspension poly（vinyl chloride）and its origin in the polymerization process. J Polym Sci：Polyrn Phys Ed，1980，（18）：51-69.

[9]　Summers J W，Rabinovitch E B. Use of acetone in determining poly（vinyl chloride）processing morphology and product morphology. J Macrornol Sci，1981，B20（2）：219-233.

[10]　Summers J W. PVC Resins-Past，Present and Future. J Vinyl Technol，1980，2（1）：2-22.

[11]　Bort N D，Marinin V G，Kalinin A Y，et al. Certain kinetic parameters of the bulk polymerization of vinyl chloride and their effect on the structural-morphological features of vinyl chloride. Vysokomol Soedin，1968，A10（11），2574-2583.

[12]　Carenza M，Palma G，Talamini G，et al. Radiation-induced heterophase polymerization of vinyl chloride-influence of additives on the particle morphology. J Macromol Sci-Chem，1977，A11（7），1235-1248.

[13]　Palma G，Talamini G，Tavan M，et al. Particle morphology in the early stages of radiation-induced heterophase polymerization of vinyl chloride. J Polym Sci-Phys，1977，15（9），1537-1556.

[14]　Kulas F R，Thorshang N P. PVC powder extrusion. melting properties and particle morphology. J Appl Polym Sci，1979，23：1781-1794.

[15]　Geil P H. Morphology terminology. J Macromol Sci-Chern，1977，A11（8）：1461-1462.

[16]　Menges G，Berndtsen N. Polyvinyl chloride-Processing and structure. Pure and Appl Chem，1977，49（5）：597-613.

[17]　Menges G，Berndtsen N. Polyvinyl chloride-Its structure and performance. Kunststoffe-German Plast，1979，69（9）：562-569.

[18]　Singleton C J，Stephenson T，Isner J，et al. Processing-morphology-property relationships of plasticized poly（vinyl chloride）. J Macrornol Sci-Phys，1977，B14（1）：29-86.

[19]　Wenig W. The microstructure of poly（vinyl chloride）as revealed by x-ray and light scattering. J Polym Sci-Phys，1978，16：1635-1649.

[20]　Blundell D J. Small-angle X-ray study of microdomains in rigid PVC. Polymer，1979，20：

934-938.

[21] Saeki Y，Emura T. Technical progresses for PVC production. Prog Polym Sci，2002，27：2055-2131.

[22] Fischer N. Morphology of mass PVC. J Vinyl Addit technol，1984，6（1）：35-49.

[23] Geil P H. Morphology-characterization terminology. J Macromol Sci-Phys，1977，B14（1）：171.

[24] Allsopp M W. The development and importance of suspension PVC morphology. Pure Appl Chem，1981，53：449-465.

[25] Summers J W and Rabinovitch E B. The effects of polyvinyl chloride hierarchical structure on processing and properties. J Vinyl Technol，1991，13（1）：54-59.

[26] Sieglaff C L. The morphology，rheology and processing properties of polyvinyl chloride. Pure Appl Chem，1981，53：53-520.

[27] 威尔克斯 C E，萨默斯 J W，丹尼尔斯 C A. 聚氯乙烯手册. 乔辉，丁筠，盛平厚等译. 化学工业出版社，2008.

[28] Berens A R，Folt V L. The significance of a particle-flow process in PVC melts. Polym Eng Sci，1968，8：5-10.

[29] Sieglaff C L. Rheological properties of polyvinyl chloride. SPE Trans，1964，4（2）：129-138.

[30] Collins E A. The rheology of PVC——an overview. Pure Appl Chem，1977，49：581-595.

[31] Faulkner P G. The use of a temperature programmable brabender mixing head for the evaluation of the processing characteristics of poly（vinyl chloride）. J Macromol Sci-Phys，1975，B11（2）：251-279.

[32] Krzewki R J，Collins E A. Rheology of PVC compounds. I. Effect of processing variables on fusion. J Macromol Sci-Phys，1981，B20（4）：443-464.

[33] Rabinovitch E B，Summers J W. Poly（vinyl chloride）processing morphology. J. Vinyl Technol，1980，2（3）：165-168.

[34] Rabinovitch E B. Poly（vinyl chloride）processing morphology part Ⅱ——molecular effects on processing in the torque rheometer. J. Vinyl Technol，1980，2（3）：165-168.

[35] Munstedt H. Relationship between rheological properties and structure of poly（vinyl chloride）. J Macromol Sci-Phys，1977，B14（2）：195-212.

[36] Fahey T E. Applications of compaction testing to the processability of rigid PVC compounds. J Macrornol Sci-Phys，1981，B20（3），319-333.

[37] Gilbert M，Ansari K E. Structure-property relationships in PVC compression moldings. J Appl Polym Sci，1982，27：2553-2561.

[38] Kulas F R，Thorshaug N P. PVC powder extrusion. Melting properties and particle morphology. J Appl Polym Sci，1979，23：1781-1794.

[39] Fahey T E. Morphological progression and elasticity development in the single-screw extrusion of rigid PVC. J Macrornol Sci-Phys，1981，B20（3），415-428.

[40] Allsopp M. "Morphology of PVC," in Manufacture and Processing of PVC，Burgess R H，editor. London：Appl Sci Pub，1982.

[41] Covas J A. Single screw extrusion of poly（vinyl chloride）-Effect on fusion and properties. Polym Eng Sci，1992，32（11）：743-750.

[42] Summers J W，Rabinovitch E B，Booth P C. Measurement of PVC fusion (gelation). J. Vinyl

Technol，1986，8（1）：2-6.

[43] Berens A R，Folt V L. Particle Size and Molecular Weight Effects on the Melt Flow of Emulsion PVC. Polym Eng Sci，1969，9（1）：27-34.

[44] Fillot L-A，Hajji P，Gauthier C，et al. U-PVC gelation level assessment，Part 1：Comparison of Different Techniques. J. Vinyl Addit Technol，2006，12：98-107.

[45] Benjamin P. The influence of the extrusion process on the quality of unplasticized polyvinyl chloride（UPVC）pressure pipe. J Vinyl Technol，1980，2（4）：254-258.

[46] Terselius B，Jansson J F，J Bystedt. Gelation of rigid PVC-pipes. J Macromol Sci-Phys，1981，B20（3），403-414.

[47] Marshall D E，Higgs R P，Obande O P. The effect of extrushion conditions on the fusion，structure and properties of rigid PVC. Plast Rubb Process Appl，1983，3（4）：353-358.

[48] Terselius B，Jansson J F. Effect of gelation level on the ulitimate mechanical properties of rigid PVC pipes. Proceeding of the IUPAC international symposium，Athens，Greece，Mater Sci Monographs，1984：451-458.

[49] Terselius B，Jansson J F. Gelation of PVC：part 4. impact strength. Plast Rubber Proc Appl，1985，5：1-7.

[50] Thomas N L，Harvey R J. Use of experimental design to investigate processing conditions and K value effects in poly（vinyl chloride）window extrusion. Plast Rubber Composites，1999，28（5）：157-164.

[51] Moghri M，Garmabi H，Akbarian M. Effect of processing parameters on fusion and mechanical properties of a twin-screw rigid PVC pipe. J Vinyl Technol，2003，9（2）：81-89.

[52] Zajchowski S. Mechanical properties of poly（vinyl chloride）of defined gelation degree. Polimery，2005，50（11～12）：890-893.

[53] Summers J W，Rabinovitch E B，Quisenberry J G. Polyvinyl chloride processing morphology Part Ⅲ- twin screw extrusion. J Vinyl Technol，1982，4（2）：67-69.

[54] Summers J W. Lubrication mechnism of poly（vinyl chloride）compounds：change upon PVC fusion（gelation）. J Vinyl Addit Tech，2005，11（2）：57-62.

[55] Summers J W. Lubrication mechnism in PVC compounds：understanding three distinct roles of lubicants. ANTEC，2006，5：2882-2886.

[56] Hattori T，Tanaka K，Matsuo M. Fusion of particulate structure in polyvinyl chloride during powder extrusion. Polym Eng Sci，1972，12（3）：199-203.

[57] Tomaszewska J，Sterzynski T，Piszczek K. Rigid poly（vinyl chloride）（PVC）gelation in the Brabender measuring Mixer. Ⅰ. Equilibrium state between sliding，breaking，and gelation of PVC. J Appl Polym Sci，2004，93：966-971.

[58] Tomaszewska J，Sterzynski T，Piszczek K. Rigid poly（vinyl chloride）（PVC）gelation in the brabender measuring mixer. Ⅱ. Description of PVC gelation in the torque inflection point. J Appl Polym Sci，2007，103：3688-3693.

[59] Tomaszewska J，Sterzynski T，Piszczek K. Rigid poly（vinyl chloride）gelation in a Brabender measuring mixer. Ⅲ. Transformation in the torque maximum. J Appl Polym Sci，2007，106：3158-3164.

[60] Tomaszewska J，Sterzynski T，Piszczek K. The influence of the chamber temperature in the Brabender measuring mixer on the state of equilibrium of the torque of rigid poly（vinyl chlo-

ride). Polimery，2008，53（9）：678-680.

[61] Comeaux E J，Chen C H，Collier J R，et al. Fusion study of polyvinyl chloride (PVC)-Relation of Processing time and processing temperature to the degree of fusion. Polym Bulletin，1994，33：701-708.

[62] Daniels C A，Collins E A. Poly（vinyl chloride），Part Ⅱ：Effect of polymerization temperature and molecular weight on the glass transition and melting point of poly（vinyl chloride). Polym Eng Sci，1979，19（8）：585-589.

[63] Fordham J W L，Burleigh P H，Sturm C L. Stereoregulated polymerization in the free propagating species. Ⅲ. Effect of temperature on the polymerization of vinyl chloride. J Poly Sci，1959，XLI：73-82.

[64] Reding F P，Walter E R，Welch F J. Glass transition and melting point of poly（vinyl chloride). J Poly Sci，1962，56：225-231.

[65] Fujiyama M，Kondou M. Effect of degree of polymerization on gelation and flow processability of poly（vinyl chloride). J Appl Polym Sci，2004，92：1915-1938.

[66] 王文治，赵侠，郑德. 一种检测聚氯乙烯或氯化聚氯乙烯熔合度的方法. 中国，1003175755. 2013-06-26.

[67] Choi P，Lynch M，Rudin A，et al. DSC analysis of fusion level of rigid PVC revisited-Filler effects on thermal analysis data. J. Vinyl Technol，1992，14（3）：156-160.

[68] Fillot L-A，Hajji P，Gauthier C. U-PVC gelation level assessment，part 2：optimization of the differential scanning calorimetry technique. J. Vinyl Addit Technol，2006，12：108-114.

[69] Treffler B. Impact of lubricants on processing behaviour of U-PVC. Plast Rub Compos，2005，34（3）：143-147.

[70] 肖建华，柳和生，黄兴元. 高分子材料的挤出胀大和熔体破裂. 高分子材料科学与工程，2008，24（9）：36-40.

[71] Guimon C. Improvement in the extrusion of rigid PVC powder-blend. ANTEC，1967，13：1085-1092.

[72] 山西省化工研究所. 塑料橡胶加工助剂. 第二版. 化学工业出版社，2002.

[73] 茨魏费尔 H. 塑料添加剂手册（原著第五版）. 欧育湘，李建军等译. 化学工业出版社，2005. 410-432.

[74] Hartitz J E. The effect of lubricants on the fusion of rigid poly（vinyl chloride). Polym Eng Sci，1974，14（5）：392-398.

[75] 怀特 E L. 聚氯乙烯大全，第二卷. 黄锐，曾邦绿，刘忠仁等译. 化学工业出版社，1985，643.

[76] Daniels P H. A brief overview of theories of PVC plasticization and methods used to evaluate PVC- plasticizer interaction. J. Vinyl Addit Technol，2009，15（4）：219-223.

[77] Zhang O S，Zhang C C，Wu L L，et al. Antiplasticizing effect of MOCA on poly（vinyl chloride). J Wuhan Univ Technol-Mater Sci Ed，2011，26（1）：83-87.

[78] 山西省化工研究所. 塑料橡胶加工助剂（第二版）. 化学工业出版社，2002.

[79] 汪久根，张建忠. 边界润滑膜的形成与破裂分析. 润滑与密封，2005，（6）：4-8，48.

[80] Chauffoureaux J C，Dehennau C，Van Rijckevorsel J. Flow and Thermal Stability of Rigid PVC. J Rheol，1979，23（1）：1-24.

[81] Fras I，Cassagnau P，Michel A. Lubrication and slip flow during extrusion of plasticized PVC

compounds in the presence of lead stabilizer. Polymer, 1999, 40: 1261-1269.

[82] Rabinovitch E B, Lacatus E, Summers J W. The lubrication mechanism of calcium stearate/paraffin wax systems in PVC compounds. J Vinyl Technol, 1984, 6 (3): 98-103.

[83] Mondragon M, Flores A C. The effect of combining lubricants on fusion behavior of rigid PVC. J Vinyl Technol, 1993, 15 (2): 46-50.

[84] Chen C H, Wesson R D, Collier J R, et al. Studies of rigid poly (vinyl chloride) (PVC) compounds. IV. Fusion characteristics and morphology analyses. J Appl Polym Sci, 1995, 58: 1107-1115.

[85] Lindner R A, Worschech K. "Lubricants for PVC", in. Encyclopedia of PVC, 2nd ed, Nass L I, Heiberger C A, editors. New York: Maecel Dekker, 1988, Vol 2. 263-290.

[86] Fahey T E, Falter J A, Rosen M. A family of ester lubricants for PVC. J Vinyl Technol, 1988, 10 (1): 41-44.

[87] Treffler B. Impact of lubricants on processing behaviour of U-PVC. Plast Rub Comp, 2005, 34 (3): 143-147.

[88] 威尔克斯 C E, 萨默斯 J W, 丹尼尔斯 C A. 聚氯乙烯手册. 乔辉, 丁筠, 盛平厚等译. 化学工业出版社, 2008.

[89] Lindner R A. A new characterization of lubricants for PVC. Vinyltec Conference Proceedings, 2002: 417-434.

[90] Bower J D. The function of lubricants in processing of rigid poly (vinyl chloride). J Vinyl Technol, 1986, 8 (4): 179-182.

[91] Krzewki R J, Collins E D. Rheology of PVC compounds. II. Effects of lubricants on fusion. J Macromol Sci-Phys, 1981, B20 (4): 465-478.

[92] Ditto P E. Rigid PVC lubricants——an empirical viewpoint. J Vinyl Technol, 1982, 4 (3): 124-127.

[93] Fredriksen O. Calcium stearate-stearic acid as lubricants for rigid poly (vinyl chloride) (PVC). Capillary rheometer measurements and extrusion properties. J Appl Polym Sci, 1969, 13: 69-80.

[94] 怀特 E L. 聚氯乙烯大全, 第二卷, 第十三章. 黄锐, 曾邦绿, 刘忠仁等译. 化学工业出版社, 1985.

[95] King L F, Noel F. Characterization of lubricants for polyvinyl chloride. Polym Eng Sci, 1972, 12 (2): 112-119.

[96] Bacaloglu R, Hegranes B, Fisch M. Study of Additive Compatibility With PVC. 1: Dynamic mechanical analysis of impact modified rigid PVC containing ester lubricants. J. Vinyl Addit Technol, 1997, 3 (2): 112-117.

[97] Bacaloglu R, Fisch M. Study of Additive Compatibility With PVC. 2: Dynamic mechanical analysis of PVC lubrication by stearic acid and its derivatives. J. Vinyl Addit Technol, 1998, 4 (1): 4-11.

[98] 怀特 E L. 聚氯乙烯大全, 第二卷, 第十三章. 黄锐, 曾邦绿, 刘忠仁等译. 化学工业出版社, 1985. 654-670.

[99] 杨忠久. 有机锡型材挤出塑化、润滑平衡优化与析出调整. 门窗, 2011, (9): 51-57.

第3章 PVC 润滑剂的压析现象

在进行 PVC 热塑加工，尤其进行那些含高比例颜料或填料的不透明硬质 PVC 制品的挤出或压延加工时，经常会出现一种称为"压析（plate-out）"的令人困惑的加工问题。之所以说其令人困惑，是因为人们不得不面对却又难于自如掌控。压析是一个相当复杂的现象，但根据目前已了解的情况，它的出现大多与润滑剂使用不当相联系。这里尝试依据已有研究成果对 PVC 加工中的压析现象及其危害性、组成特点、形成机理、影响因素作一探讨，供进行 PVC 润滑剂体系优化时参考。

3.1 PVC 加工中的压析现象

在 PVC 加工中，压析指出现在加工生产线中熔体压力发生突然下降的部件表面上的不相容性材料堆积或沉积。

在挤出生产线中，压析经常出现在模具内的金属表面，例如螺杆鼻、口模区的节流阀闫、模唇、模芯支架或芯模的表面以及定型模的内表面[1]。沉积也会发生在辊筒牵引装置、支撑台、定径套、板线波纹瓦以及挤出机的其他下游装置上。当挤出例如窗口线或壁板时，通过提高口模温度仍不消除的边沿粗糙现象的出现，预示口模里已开始发生压析。在基于 Ca-Zn 或马来酸酯有机锡的透明或半透明 PVC 容器的加工中也可能发生压析现象。在吹塑瓶上出现连续口模印，表明口模内已有压析发生。

在压延生产线中，压析会产生在压延辊或其他冷机器部件上[2]。

3.2 PVC 加工中压析的危害性

在 PVC 挤出加工中，压析一旦开始在口模内壁发生，挤出件开始出现口模印、瑕疵、光泽度下降以及其他缺陷，经过一段时间之后，还会导致熔体黏附金属表面而降解。

在用于挤出管材和模塑制件的安装有模芯支架的挤出口模里，聚合物熔体流会在模芯支架处对开并在形成熔合纹后重新结合。熔合纹通常是这些挤出制品中最薄弱的环节。可以预期，在模芯支架区域发生的即使是处于初始状态的压析，也会加重上述熔合纹问题。低分子量的添加剂会在压析的早期阶段就扩散到聚合物熔体流的表面，妨碍熔合纹中聚合物分子的自扩散过程，延长聚合物熔体流处于对开状态的时间，因此损害挤出制品熔合纹的强度。

在 PVC 挤出加工中，压析会造成制品存在表面缺陷，严重时甚至会使制品失去使用价值。

另一方面，压析难于从挤出机螺杆和口模等设备部件上去除，因此，清理压析要耗费大量宝贵的劳动和生产时间。

3.3　PVC 加工中压析物的组成特点

压析的形成是一个非常复杂的问题。对压析物的分析表明，它们通常包含配方中的所有元素。但是，不同类型的成分的含量有所不同。根据一些研究者[3~7]的测定结果，压析物虽然含硬脂酸钙、蜡、增塑剂以及 PVC 等有机物，但主要由二氧化钛、碳酸钙和碱式无机铅盐等无机材料组成。换句话说，压析物的组成与 PVC 配方本身存在极大的差别。

表 3-1 所列为 Gilbert 等[6]最近报道的对在一些型材、管材和片材挤出口模上产生的压析物的化学组成的半定量分析结果。

表 3-1　在一些型材、管材和片材挤出口模上产生的压析物的化学组成

成分	含量/%													
	型 A	型 B	型 C	型 D	型 E	型 F	型 G	型 H	型 I	管 A	管 B	管 C	管 D	片 A
钛	12	15	22	11	5	10	7	10	16	30	0	4	25	17
铅	21	23	31	34	36	31	0	0	0	9	27	64	0	0
钙	15	11	5	8	13	12	17	19	12	7	18	4	10	17
锌	0	0	0	0	0	0	4	1	2	0	0	0	2	2
有机粒子	17	20	14	22	16	16	29	22	35	22	24	2	35	23
氯①	可检	可检	8	可检	0.3	0.4	可检	可检	可检	可检	2	15	可检	可检

① 存在于含钙、铅、锌热稳定剂的转化产物氯化钙、氯化铅、氯化锌中。

但是，有研究[7]显示，在定型模上产生的压析物通常是有机物，可能是通过挥发后凝结产生的或来自热挤出产物的表面。

3.4　PVC 加工中压析的形成机理

对于 PVC 加工中压析的产生，Lippoldt[8]已提出一个被越来越广泛接受的机理。该机理认为，压析是由外润滑剂等与塑料基质不相容的有机

液体携带其他有机和无机固体组分转移至熔体表面并在压力下降时析出沉积的结果。对于锡热稳定剂稳定配方,压析的产生可概括为以下五个步骤。

(1) 熔融的烃类润滑剂溶解热稳定剂。

(2) 当温度高于175℃时,硬脂酸钙溶入上述热稳定剂烃溶液形成复合物溶液。

(3) 上述复合物溶液吸附到无机添加剂的极性表面,使其极性降低,并形成有机-无机复合物。

(4) 在挤出机的减压区域,上述有机-无机复合物从聚合物熔体中析出,与此同时,由于压力降低导致温度下降至175℃以下,因此形成沉淀。

(5) 上述沉淀沉积到金属表面并析出烃类化合物,这一沉积物作为凝聚中心引发沉积继续进行。

Parey[9]也认为175℃是临界温度,因为它发现铅稳定配方也在175~195℃温度范围发生特别严重的压析。

根据 Gilbert 等[10]的研究结果,上述 Lippoldt 机理也适用于铅稳定体系。

对于压析的产生,也有研究者认为可能与金属表面氧化和粗糙程度有关[5,11,12]。

3.5 PVC 加工中压析的影响因素

PVC 加工中压析的影响因素非常复杂,根据有关的研究结果,配方组分、加工条件以及湿度等因素都对压析产生影响。

3.5.1 配方组分

3.5.1.1 无机填料和颜料

已有不同的研究报告[3,12,13]报道,可能由于诸如碳酸钙等无机填料具有摩擦挤出机壁的作用,增加其用量具有减少压析量的效果。然而,根据 Schiller[13]的研究结果,可能因为其粒径太小不能对挤出机壁产生有效摩擦,增加二氧化钛的用量加重压析。由于不同来源的无机填料和颜料可能具有不同的粒径和粒径分布以及其他性质,因此对压析可能产生不同影响。

3.5.1.2 润滑剂

Gilbert 等[10,14]系统研究了硬脂酸钙、硬脂酸铅、聚乙烯蜡以及氧化聚乙烯蜡对压析的影响,得到了以下主要结果。

（1）由于压析是多组分相互作用的结果，因此这些组分对压析的影响都存在一定的配方依赖性。

（2）在通常的用量范围内，压析总体上随这些组分用量增加而加重。

（3）理化性质不同的聚乙烯蜡和氧化聚乙烯蜡对压析的影响存在明显差别，总体上呈现以下递变规律。

① 与聚乙烯蜡相比，氧化聚乙烯蜡导致更大的压析。

② 对于聚乙烯蜡，压析随黏度、熔融温度和密度的增大而加大，其中，熔点的效应最大。

③ 对于氧化聚乙烯蜡，压析随酸值、熔融温度和密度的增大而加大，但随黏度的增大而减小。

所研究聚乙烯蜡和氧化聚乙烯蜡的理化性质见表 3-2，压析测定结果见图 3-1 和图 3-2。

表 3-2　聚乙烯蜡和氧化聚乙烯蜡的理化性质

品种（代号）	熔融温度 /℃	140℃黏度 /mPa·s	密度 /g·cm^{-3}	酸值 /mgKOH·g^{-1}
PE 蜡 A(PEW-A)	115	624	0.93	—
PE 蜡 B(PEW-B)	100	525	0.91	—
PE 蜡 C(PEW-C)	111	450	0.93	—
PE 蜡 D(PEW-D)	104	375	0.92	—
PE 蜡 E(PEW-E)	99	180	0.91	—
氧化 PE 蜡(OPEW)	104	250	0.93	16
氧化 HDPE(OPEW-X)	131	85000	0.98	7
氧化 HDPE(OPEW-Y)	132	8500	0.98	16
氧化 HDPE(OPEW-Z)	134	2500	1.00	30

3.5.1.3　挥发性组分

高挥发性的添加剂可能通过挥发-凝结过程产生压析[2]。

Gilbert 等[6]介绍了一个特殊的压析现象：一个管材厂家发现其所生产的大概 30m 长管段上存在等间隔分布的鱼眼。鱼眼不但存在于内、外表面，而且分布于整个横截面。

傅里叶红外光谱（FTIR）清楚证明鱼眼的主要成分为季戊四醇。因此鱼眼的形成可以归结于季戊四醇在具有高熔体温度和真空度的排气区升华并在相对较冷的位置凝结。受机械震动或重力作用，升华物周期性返回挤出机并与熔体混合，因此鱼眼呈等间隔分布。

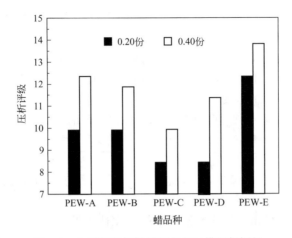

图 3-1　含不同聚烯烃蜡配方的口模压析评级

配方/份：

S-PVC（*K* 值 68）	100.00	二碱式亚磷酸铅	3.00
CaCO₃	5.50	中性硬脂酸铅	0.25
TiO₂	3.50	二碱式硬脂酸铅	0.50
冲击改性剂	6.50	硬脂酸钙	0.25
加工助剂	1.00	PEW	0.20 或 0.40

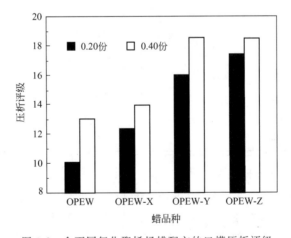

图 3-2　含不同氧化聚烯烃蜡配方的口模压析评级

配方/份：

S-PVC（*K* 值 68）	100.00	二碱式亚磷酸铅	3.00
CaCO₃	5.50	中性硬脂酸铅	0.25
TiO₂	3.50	二碱式硬脂酸铅	0.50
冲击改性剂	6.50	硬脂酸钙	0.25
加工助剂	1.00	OPEW	0.20 或 0.40

3.5.2　加工条件

3.5.2.1　熔体温度

对于温度对压析的影响，所有的研究者[3,6,9,12,15]都得到一致的结论，那就是压析随熔体温度的提高而加大。图 3-3 所示为 Gilbert 等[6]的测定结果。

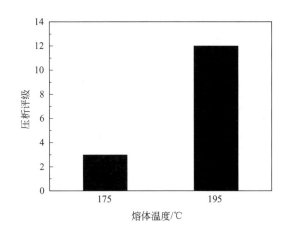

图 3-3　熔体温度对口模压析的影响

配方/份			
S-PVC（K 值 68）	100.0	冲击改性剂	7.0
CaCO$_3$	5.0	Ca/Pb 复合稳定/润滑剂	5.63
TiO$_2$	3.0		

由图 3-3 可见，熔体温度对压析的影响相当显著。Bos 等[12]认为，这是由于伴随熔体温度提高其剪切应力和黏度明显降低，因而添加剂的迁移性明显增大所致。

3.5.2.2　挤出扭矩和压力

Schiller 等[13]等研究了挤出扭矩和压力对压析的影响，结果见图 3-4 和图 3-5。

由图 3-4 和图 3-5 可见，压析随挤出扭矩和压力的增大而加大，但挤出扭矩的影响较明显而挤出压力的影响较弱。

根据 PVC 树脂的塑化机理、润滑剂的外润滑机理和压析形成机理，认为随熔体温度及挤出扭矩和压力提高，PVC 树脂塑化度增大，因而可容纳外润滑剂等不相容性物质的 PVC 粒子表面缩小，可能是上述压析随熔体温度及挤出扭矩和压力的递变规律的共同而重要原因之一。

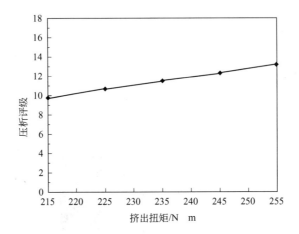

图 3-4　挤出扭矩对口模压析的影响

配方/份

S-PVC（*K* 值 67）	100.0	冲击改性剂	6.5
CaCO₃	5.5	Ca/Pb 复合稳定/润滑剂	5.4
TiO₂	3.5		

挤出压力：21.5MPa

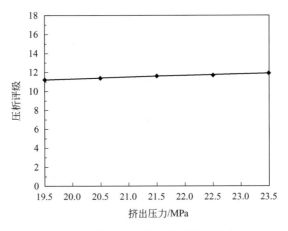

图 3-5　挤出压力对口模压析的影响

配方/份

S-PVC（*K* 值 67）	100.0	冲击改性剂	6.5
CaCO₃	5.5	Ca/Pb 复合稳定/润滑剂	5.4
TiO₂	3.5		

挤出扭矩：235N・m

3.5.3 水分

Gilbert 等[6]测定了配混料水分含量对口模压析的影响，结果见图 3-6。

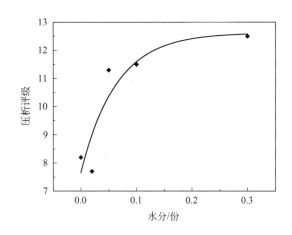

图 3-6 水分含量对口模压析的影响

配方/份

S-PVC（K 值 68）	100.0	冲击改性剂	7.5
CaCO$_3$	6.0	Ca/Pb 复合稳定/润滑剂	5.5
TiO$_2$	3.5	水分	0~0.3

可以看到，水分对口模压析有非常明显的影响，微量（＜0.1 份）的水分即可显著加大压析。但另一方面，随水分含量增大（＞0.1 份），其加大压析的效应减弱。

水分在定型模压析的形成中也起重要作用。物料中如果存在残留水分，它们将在挤出机压力下被加热至熔体温度，当熔体进入定型模等低压区域时，水蒸气逸出并携带配方组分在定型模等部件中沉积形成涂层。

3.5.4 抗压析添加剂

可能是受到碳酸钙填料可减轻压析的启发，人们已开发出了二氧化硅等"抗压析添加剂（anti-plate-out additives）"[16]。Bos 等[12]推测，气相法二氧化硅之所以能抑制压析，其原因应该在于它们能通过其表面吸附不相容性配方组分。不过，他们也不排除摩擦作用的意义。

Gilbert 等[6]测定了二氧化硅和氧化铝以及他们自己新开发的一种高效抗压析添加剂对硬质 PVC 口模压析的抑制效果，结果见表 3-3。

表 3-3 抗压析添加剂对口模压析的影响

抗压析添加剂	品种	无	二氧化硅	氧化铝	自制新品
	用量/份	—	0.20	0.20	0.10
压析评级		11.50	9.50	8.50	7.50

基础配方/份

S-PVC（K 值 68） 100.0   冲击改性剂 6.5

CaCO₃ 5.5   Ca/Pb 复合稳定/润滑剂 5.5

TiO₂ 3.5

根据 Choi 和 Drexler[17]的研究结果，气相法二氧化硅也可有效抑制软质 PVC 的压析。Maisel[18]的研究则表明，对于软质 PVC 体系，沉淀二氧化硅具有比气相法二氧化硅更优的抗压析效果；影响沉淀二氧化硅抗压析效果的主要因素是吸油率，吸油率越大则抗压析效果越好。

参 考 文 献

[1] Gomez I L. Engineering with Rigid PVC: Processability and Applications. New York: Marcel Dekker, 1984. 201-203.

[2] Richter E. Lubricants for film manufacture. Plast Addit Compounding, 2000, 2 (11): 14-18, 20-21.

[3] Pointer B R O. Extrusion of unplasticised PVC: a study of plate-out phenomena, Internal Report PL/510/B, Imperial Chemical Industries Ltd, PVC Division, Welwyn Garden City, 1-20.

[4] Lippoldt R F. How to avoid plate-out in extruders. Plastics Engineering , 1978: 37-39.

[5] Bussman G, Ruse H, Kerr B. Plate-out in PVC processing. Kunststoffe, 1998, 88 (12): 2154-2157.

[6] Gilbert M, Haberleitner R, Schiller M, et al. Plate-out-more than just a phenomenon? part 1. plate-out in the extruder. Intern Polym Sci Technol, 2004, 31 (9): T/1-T/5.

[7] Gilbert M, Varshney N, van Soom K, et al. Plate-out in PVC extrusion. I. analysis of plate-out. J Vinyl Addit Technol, 2008: 14 (1): 3-9.

[8] Lippoldt R F. Postulated mechanism for plateout from PVC processing systems. SPE ANTEC Proc, 1978: 24-27.

[9] Parey J. Plate-out in flow channels in PVC extrusion. Aachen: Conf Proc, IKV Colloquium, 1980: 432-436.

[10] Gilbert M, Haberleitner R, Schiller M, et al. Plate-out-more than just a phenomenon? part 2. plate-out in the extruder. Intern Polym Sci Technol, 2004, 31 (6): T/1-T/8.

[11] Leskovyansky P J. Testing for plateout using the torque rheometer. J Vinyl Technol, 1984, 6 (2): 82.

[12] Bos A, Huelsmann T, Juergens S, et al. Plate-out in extrusion. Wurzburg: Conf Proc, New Techniques in Extrusion, 1999.

[13] Schiller M, Pelzl B, Haberleitner R, et al. Plate-out——a problem without hope? . Brussels:

Conf Proc，Plastic Profiles in Construction，2006.

[14] Varshney N，Gilbert M，Walon M，et al. Plate-out in PVC extrusion. Ⅱ. Lubricant Effects on the Formation of Die Plate-Out in Lead-Based Rigid PVC Formulations. J Vinyl Addit Technol，2012：18（4）：209-215.

[15] Parey J. Plate-Out-Cause and Remedy. Kunststoffberater，1980，4：39-40.

[16] Subramanian M N. Plastics Additives and Testing. Salem：Scrivener Publishing LLC，2013.63.

[17] Choi J H，Drexler L H. Elimination of plate-out problems in barium-cadmium-zinc stabilized poly（vinyl chloride）（PVC）wire coating compounds. J Vinyl Technol，1984，6（3）：117-119.

[18] Maisel J W. Effect of precipitated silica on plate-out of poly（vinyl chloride）compounds. J Vinyl Technol，1986，8（3）：112-115.

第4章
PVC 润滑剂的性能测试评价方法

4.1 润滑性能

对于 PVC 润滑剂润滑性能的测试评价，系统介绍塑料助剂的出版物[1~4]在有关润滑剂的章节一般都会有所涉及，Lindner 和 Worschech[5] 在 Nass 和 Heiberger 主编的《Encyclopedia of PVC》第 2 版、第 2 卷、第 4 章 "Lubricants for PVC" 中做了较为系统的阐述。

4.1.1 配混料的制备

试样制备是性能测试的第一步。用于制备测试用 PVC 配混料的首选装置是实验用立式高速混合机，如图 4-1 所示。该混合器主要由底部安装有高速搅拌桨的带夹套搅拌桶构成，搅拌桨的转速可以在 $1800 \sim 3600 \mathrm{r/min}$ 调节。

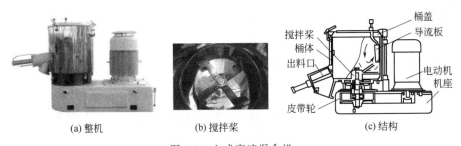

(a) 整机　　　　　　(b) 搅拌桨　　　　　　(c) 结构

图 4-1　立式高速混合机

用实验用立式高速混合机制备润滑剂测试用 PVC 配混料的常用步骤如下。

（1）开启蒸汽加热。

（2）装入 PVC 树脂。

（3）开启搅拌并使搅拌桨转速为 $3600 \mathrm{r/min}$。

（4）当树脂温度达到 $65 ℃$ 时，加入热稳定剂。

（5）当物料温度达到 $70 ℃$ 时，加入润滑剂。

（6）当物料温度达到 75℃时，停机并刮下混合机内壁上的物料。

（7）当物料温度达到 80℃时，加入颜料。

（8）当物料温度达到 95℃时，加入加工助剂或冲击改性剂。

（9）当物料温度达到 105℃时，关闭蒸汽并开启冷水，同时刮下混合机内壁上的物料。

（10）将搅拌桨转速调节为 1800r/min，边混合边冷却。

（11）当物料温度降低至 65～70℃时，停止混合。

制备润滑剂测试用 PVC 配混料要注意以下问题。

（1）PVC 树脂应预热到 65～70℃，然后尽快加入热稳定剂，以使 PVC 树脂在混合过程的降解降低到最低程度；润滑剂不应与热稳定剂同时加入，以免影响热稳定剂迅速渗透进入 PVC 树脂。

（2）物料的温度应提高到水的沸点之上，以使物料中的吸湿性组分释放吸附水，从而避免在后续试样制备和测试过程中起水泡。

（3）润滑剂可在加入循环接近结束时加入，这样，它们可熔化并完全分散到干混料中，通过封闭树脂颗粒、促进半熔体中粒子流动以使热稳定剂保存在树脂中。

（4）干混料应冷却以免因受热时间太长而降解。

（5）混合好的试样应在标准条件下放置 24h 后才进行测试。这是因为热稳定剂和内润滑剂被吸收进入树脂颗粒是需要时间的，如果试样未经放置即进行测试，塑化时间会比原本应有的要长。

应该指出，也可用别的混合技术来制备配混料。例如，许多研究人员会采用各种不同的加料次序来制备干混料。有些会先在混合器中装入固体组分，然后在搅拌桨开始转动时加入液体组分。只要每次采用一致的混合方法，就可得到一致的数据。

只需略作调整，上述技术也可用于软质 PVC 配混料的制备。

（1）开启蒸汽直至树脂温度达到约 65℃，然后关闭。

（2）从旋涡的边沿慢慢加入液体热稳定剂/增塑剂预混物（摩擦受热通常可使干混料的温度提高到 100℃）。

（3）如果想得到自由流动粉末化合物，可加入少量乳液级树脂（大概 3%）以吸收过量的增塑剂。

（4）在加入乳液级树脂后立即加入润滑剂。

（5）将冷水注入夹套，在低混合速度下冷却物料。

虽然软质 PVC 配混料可用立式高速混合机混合，但使用以蒸气和冷水加热和冷却的夹套螺条混合机（也称螺带或卧式混合机，如图 4-2 所示）是更好的选择。

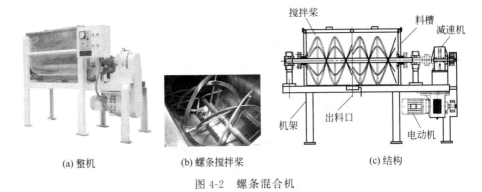

(a) 整机   (b) 螺条搅拌桨   (c) 结构

图 4-2   螺条混合机

使用螺条混合机时，混合过程与高强度混合器一样，但因不能产生摩擦热，要连续不断加热。另外，使用螺条混合机时，不需添加乳液级干燥树脂。

混合好的软质 PVC 配混料也应在标准条件下放置至少 24h 后才进行测试。因为只有这样，内润滑剂和增塑剂才能与树脂达成平衡。

4.1.2 转矩流变仪塑化试验

转矩流变仪塑化试验是评价 PVC 润滑剂最广泛使用的试验。该试验所用仪器为配置混炼器的转矩流变仪，如图 4-3 所示。

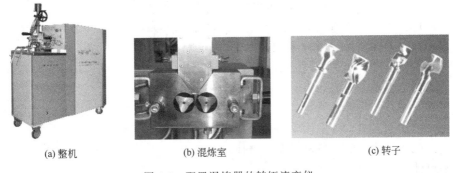

(a) 整机   (b) 混炼室   (c) 转子

图 4-3   配置混炼器的转矩流变仪

由转矩流变仪塑化试验可以得到如图 2-12 的转矩流变曲线，而通过分析转矩流变曲线可得到可用于评价润滑剂润滑性能的塑化时间、塑化扭矩、塑化温度、平衡扭矩、平衡温度等参数。

图 2-12 中上方的曲线为温度曲线，下方的曲线为转矩曲线。转矩曲线中的第一个峰为加料峰，第二个峰为熔化峰，所对应的扭矩为塑化扭矩，从加料峰到熔化峰所经历的时间称为塑化时间。熔化峰之后，由于物料进一步

塑化并且熔体温度上升，使试样扭矩下降，并随着熔体温度趋于恒定，扭矩曲线呈现一基本平稳段，所对应的扭矩称为平衡扭矩。随着试验的继续，PVC 发生交联，此时曲线急速上升，物料的长期热稳定性就是根据从熔化峰到扭矩快速增大所经历的时间来评定的，这一时间间隔值称为动态热稳定时间。另外，从塑化峰开始，每隔一定时间（用模具钳）取出一定量的样品，比较其颜色的变化，则可评价试料的动态颜色保持稳定性，也即动态初期热稳定性。

转矩流变仪塑化试验的相关标准有 ASTM D 2538—2002《Standard Practice for Fusion of Poly（vinyl Chloride）（PVC）Compounds Using a Torque Rheometer［用转矩流仪测定聚氯乙烯（PVC）配混料的熔合（塑化）的操作规程］》。该标准包括塑化试验、热稳定性试验、颜色保持稳定性试验和剪切稳定性试验四部分。影响该试验测试结果的主要影响因素是温度-转子速度组合和加料量，ASTM D 2538—2002 建议的组合方案见表 4-1。

表 4-1　温度-转子速度组合

配方	温度/℃（°F）	转子转速/(r/min)
软 PVC	140(284)	31
半硬质 PVC	180(356)	50
硬 PVC	197(387)	60

加料量按式（4-1）确定。

$$W = V \times D \times 0.65 \qquad (4-1)$$

式中　W——配混料总质量，g；

　　　V——混炼室有效容积，mL；

　　　D——配混料密度，$kg \cdot m^{-3}$。

混炼室的有效容积为没有转子时的混炼室容积减去转子的体积。

转矩流变仪塑化试验非常简单并能显示物料在挤出过程的流变行为，但应注意。

（1）该试验虽然简单，但非常灵敏，因此，要得到有用的数据，必须保持操作一致。

（2）影响转矩流变仪塑化试验的因素很多，要得到对实际应用有最大指导意义的结果，要对试验条件进行调整以最大限度模拟要评价的应用。

为提高试验结果的重现性和准确性，还应遵循以下规则。

（1）配制好的配混料应适当放置，以便内润滑剂或增塑剂有足够的时间与树脂达成平衡。用新配制的配混料做试验会因润滑剂尚没有时间被树脂吸收而导致误差偏大；用冷料时，它们会表现为外润滑，而如果树脂还是热的，则表现为内润滑。

（2）加料量要适当。理论上，粉料要能被夯实塑化并恰好填满混炼室。

（3）加料操作和速度要保持一致，加料斜槽要在烘箱中预热以消除其吸热效应对试验温度的影响。

（4）最好由同一操作人员完成一个系列实验以使误差降到最低程度。

（5）试验条件（温度、转子转速）应既反映实际加工需要又可使对照试样的塑化时间落在 2～4min 范围内。塑化时间太短不能有效区分不同试样的差别，太长则影响效率。

（6）在开始下一个试样前，要对仪器进行清理并重新预热。没有重新预热会因混炼室未达到热平衡而不能给出正确的塑化时间。如果没有进行适当的清理，则前一实验残留的润滑剂膜会与新体系相互作用，结果也同样会导致错误的结果。

4.1.3 辊筒剥离试验

辊筒剥离试验可用于评价 PVC 润滑剂的脱模性能。辊筒剥离试验使用如图 4-4 所示的实验型开放式炼塑机（简称开炼机，俗称双辊机）作为实验设备。

(a) 整机　　　　　　　　　　　　　　(b) 辊筒

图 4-4　开放式炼塑机（双辊机）

辊筒剥离试验的基本操作步骤如下。

（1）用合适的混合机制备配混料并放置过夜。

（2）称量样品，将其加入双辊机的两辊间，开始进行塑炼。

（3）物料一旦成片，开始计时。

（4）取下并弃去没有在间隙中循环的全部多余物料。

（5）当物料黏结辊筒表面时，将其刮下，试验就此结束。

（6）用硬脂酸清洗辊筒，然后用一种能清理表面并吸收剩余硬脂酸的含二氧化硅清洗料清洁辊筒表面。

从物料成片到黏结辊筒的时间（粘辊时间）可作为衡量物料脱模性的指标。

用双辊机进行辊筒剥离试验时应该注意以下几点。

（1）因为不同的金属与 PVC 熔体有不同的摩擦和黏附系数，因此，为得到与实际生产状况相关性好的试验结果，最好采用配备了表面材质与生产设备相同的辊筒的双辊机来进行试验。

（2）因为剪切速率是一个影响因素，因此，应选用可变速双辊机以便能将辊筒的表面速率调整至与生产设备相近的水平。

（3）因为两辊间隙影响剪切速率和摩擦生热，为了维持剪切速率与实际生产相同并得到可靠的试验结果，应小心调节两辊间隙并保持两辊间隙恒定。

4.1.4　毛细管流变试验

已有的毛细管流变仪包括从简单熔融指数仪到微机控制多元系统的具有不同复杂性的多种类型。对于润滑剂的评价，配备气动或液压活塞的高压毛细管流变仪（如图 4-5 所示）较为合适。

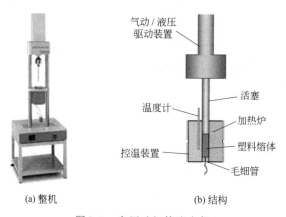

(a) 整机　　　　　　　　(b) 结构

图 4-5　高压毛细管流变仪

用毛细管流变仪测定塑料的流动性，有两种不同的方式。

（1）测定恒定压力下的体积流量。

（2）测定恒定活塞速度下毛细管的压力或压力梯度。

关于用毛细管流变仪测定塑料的流动性的具体方法，可详见 GB/T 25278—2010《塑料　用毛细管和狭缝口模流变仪测定塑料的流动性》和 ASTM D 3835—2008《Standard Test Method for Determination of Properties of Polymeric Materials by Means of a Capillary Rheometer（用毛细管流变仪测定聚

合物材料特性的试验方法)》。

由于润滑剂会影响 PVC 熔体的流动性，因此通过用毛细管流变仪测定并分析含润滑剂 PVC 熔体的流动性，可获得有关润滑剂润滑性能的有用信息。

应该注意的是，虽然毛细管流变仪的原理看起来好像非常简单，当要重复测试结果却十分困难。这是因为毛细管的表面状况很灵敏，会影响测试结果。因此，在每次测试后，必须极其仔细地清理仪器。另外，湿度也影响测试结果。含水分的物料、受热逸出的水蒸气可在毛细管壁和塑料熔体间起衬垫作用，从而会造成外润滑性很强的假象。

毛细管流变试验很适用于科学研究，但对于开发新的润滑剂配方用处较小。

4.1.5 实验室挤出机试验

实验室挤出机是能够监测机筒内及模头前部熔体的温度和压力，螺杆的背压、转矩和转速的小型挤出机，通常螺杆直径 D 为 20~30mm，长度 L 为 20D，如图 4-6 所示。

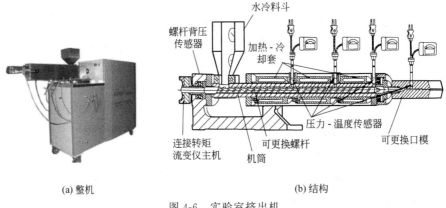

(a) 整机　　　　　　　　　　　　　　　(b) 结构

图 4-6　实验室挤出机

实验室挤出机是润滑剂测试中应用最广泛的仪器，用该仪器可以测量在一定温度设置条件下挤出时的螺杆背压、物料压力、转矩和产量及其随螺杆转速的变化。由这些测量结果除能得到高压毛细管流变仪能测得的流变数据外，还能得到塑化速率、内、外润滑作用相对强弱（由转矩/产率值给出）等信息；与此同时，通过观测挤出条还可了解表面质量（熔体破裂）、黏弹行为（离模膨胀）和热稳定性等。

与用上述其他仪器进行测试相似，用实验室挤出机进行试验时，结果的重现性在很大程度上取决于机筒、螺杆和口模的洁净性。

挤出压力分布与转矩流变曲线的对应关系见图 4-7。

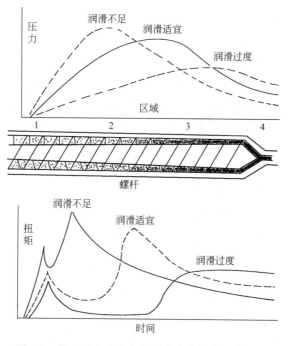

图 4-7　挤出压力分布与转矩流变曲线的对应关系

4.1.6　生产性试验

配方在最终付诸实际生产应用前，要通过生产设备试验进行最后优化，试验项目应涵盖产出速率以及制品质量，包括熔体破裂、橘子皮、颜色、光洁度、离模膨胀等，对于透明制品，还要测定透明性。为了估算实际生产动力消耗，还要测量电机电流和螺杆扭矩。显然，为了避免不必要的废料浪费，要先用实验室设备进行初步试验优化。

4.2　对热稳定性的影响

润滑剂不仅能改进 PVC 配混料的加工性，同时能提高其动态热稳定性。与热稳定剂对 PVC 动态热稳定性影响一样[6]，润滑剂对 PVC 动态热稳定性的影响可用转矩流变仪、双辊机和挤出机测试评价。

4.2.1　转矩流变仪试验

如 4.1.2 节所述，用转矩流变仪可以测定在一定的混炼室温度和转子转速条件下 PVC 配混料动态热稳定时间和动态颜色保持稳定性。

应该注意的是，任何残留在混炼室中的降解物料细小粒子都会对下一样品产生有害影响[1]。因此，如果试验要进行至物料交联降解，那么，务必在物料交联后立即停机并开始清理仪器。仪器清理技术与前述塑化试验相同。

4.2.2 双辊机试验

PVC 配混料的动态热稳定性也可用双辊机进行测试。该试验的步骤与4.1.3 节相似，不同之处仅在于，在物料成片后，每隔一定时间取出一定量的试样，通过比较试样颜色的变化来评价热稳定性。这种方法很直观，除可评价热稳定性外，还可得到有关试样的加工性及试样组分的析出性等信息，但此法的试验操作人为因素对试验结果影响较大。

4.2.3 实验室挤出机试验

PVC 配混料的动态热稳定性还可以用实验室挤出机进行多次挤出并比较试样颜色变化来评价。这一评价方法最接近实际生产过程，但需较多试料和试验时间。

4.3 压 析 性

PVC 润滑剂的压析性通常采用依据颜色转移原理设计的方法测试，基本步骤如下[7,8]。

在受试配方（配方 A）中加入一种红色颜料（一般采用永固红 F5R），于设定的条件下在双辊机上塑炼受试配料一定时间，如果受试配方有压析现象，则红色颜料会黏附在辊筒表面上。然后，在此双辊机上塑炼另一没有压析性（以月桂酸有机锡等作热稳定剂）的白色配料（配方 B），这时，从受试配料析出的红色颜料就会转移到配料 B 中使其着红色。显然，经塑炼后的配料 B 红色越深，则受试配料的压析越严重。

4.4 对制品质量的影响

4.4.1 塑化度

由第 2 章可知，PVC 的大分子网络结构和结晶性随塑化度的变化而相应变化。目前已提出的测定 PVC 塑化度的主要方法就是据此而建立的，可分为大分子网络变化测定法和结晶性变化测定法两大类[9]。其中，大分子网络变化测定法根据具体观测方法不同有溶剂吸收法、毛细管流变仪法和显微镜法等，而结晶性变化测定法则主要是差示扫描量热法[10,11]。原理上，用宽角 X-射线散射也能测定 PVC 结晶性的变化，但由于灵敏度太低，因此据此建立的 PVC 塑化度测定方法使用价值不大。

4.4.1.1　形态分析法

这种方法是使用光学显微镜（OM）、扫描电子显微镜（SEM）、透射电子显微镜（TEM）等仪器对试样进行观察，通过分析所观察到样品的粒子层次、熔体的完善程度和均一程度（参见图 2-11 和图 2-13～图 2-17），对样品的塑化度进行评价。

这种方法十分直观，是研究 PVC 塑化过程的重要方法，但难于进行定量评价。

4.4.1.2　溶剂吸收法

这是一种利用大分子三维网络结构在适当溶剂中的溶胀特性来评价塑化程度的方法。

在规定的温度下，将样品浸入丙酮或二氯甲烷等溶剂中一定时间后，观察其外观、形状的变化情况，可定性评价样品的塑化度。如能测定样品的体积或重量的变化，便也可粗略地进行定量评价。样品的几何形状对测定结果有明显影响，对于同等重量的样品，尺寸越小，比表面积越大，吸收溶剂就越多。但当样品的塑化度高于 70% 时，用这种方法则难以区别各样品之间塑化度的差别。

根据 GB/T 13526—2007《硬聚氯乙烯（PVC-U）管材二氯甲烷浸渍试验方法》，将管材切割为长度 160mm 的试样，根据管材的壁厚将其一个端面切割成一定斜度，然后浸入规定温度的二氯甲烷中（30±1）min，取出试样，测算其破坏百分数，破坏百分数越低，塑化度越高。

4.4.1.3　毛细管流变仪（CR）法

对于同一配方的样品，塑化度越高则意味其所形成的三维网络的强度越高，也就是说，样品的弹性越高。毛细管流变仪法就是根据熔体通过零长毛细管（低长径比毛细管）时的入口压力降与熔体弹性的相关性来测定塑化度的。

对于黏弹性流体，毛细管流变仪的入口压力降由两部分组成：一部分是黏性入口压力降；另一部分是弹性入口压力降。对于某些聚合物熔体，黏性压力降只占总压力降的 10% 左右，因此可以把入口压力降处理成为弹性压力降。

具体操作步骤如下。

① 将所要评价的干混料于各种温度下（如 120℃、140℃、160℃、180℃、200℃、220℃）混炼塑化（如挤出、双辊塑炼等）并造粒。

② 测定所得粒料通过毛细管流变仪的入口压力降。这时，毛细管流变仪的挤出温度和剪切速率要恒定，而温度应尽量低，以使试样在测定过程中

的塑化度不发生变化（如设定为 140℃）。

③ 将各试样的入口压力降对该试样的造粒温度作图，可得到一典型 S 形曲线，称为参考曲线。

④ 使用与步骤②相同的剪切速率和温度测定待评价样品的入口压力降。

待测样品的塑化度 G 可由其入口压力降 P 和参考曲线的最小压力 P_{min} 和最大压力 P_{max}（P_{min} 和 P_{max} 可认为分别对应于塑化度 0 和 100%），按式 (4-1) 计算得到。

$$G/\% = \frac{P - P_{min}}{P_{max} P_{min}} \times 100 \qquad (4-2)$$

此法是一种较好的定量评价方法，并能直接反映试样的流变性能，但对于每一个配方的干混料，都必须先制作其参考曲线，实验工作量较大。

4.4.1.4 差示扫描量热（DSC）法

含有晶体的聚合物样品在 DSC 的升温程序中会呈现熔融吸热峰，PVC 微晶熔融吸热峰的温度范围为 140～230℃。经历塑化过程的 PVC，其 DSC 曲线出现二个熔融吸热峰（如图 4-8 所示），低温区吸热峰 A 对应于次生微晶熔融，高温区吸热峰 B 对应于在加工过程中未熔融的原生微晶熔融。

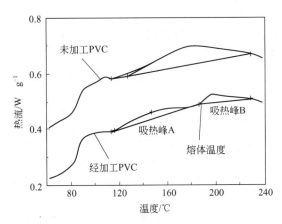

图 4-8　PVC 的典型 DSC 曲线

待测样品的塑化度 G 可由吸热峰 A 的热焓 H_A（对应于峰面积）和吸热峰 B 的热焓 H_B 按式（4-2）计算得到。

$$G/\% = \frac{H_A}{H_A - H_B} \times 100 \qquad (4-3)$$

DSC 升温程序的合适升温速率为 25℃·min^{-1}，这是限制 PVC 降解的最佳条件。

与毛细管流变仪法相比，使用 DSC 法不需作参考曲线，是一种较简便的定量测定评价方法。此方法只需 10mg 左右的试样进行检测，其最大优点是可以对样品的局部微区进行精准检测。可是，经塑化的 PVC 物料的结构很不均一，即使达到相当高的塑化度，样品的整体仍有较大的不均一性，因此，如何使所取的微量试样对整体样本具有代表性，就是一个很值得注意的问题。另一方面，PVC 微晶的熔程至今仍未定论，这也使 DSC 曲线高温峰的终点较难标定，影响对塑化度的计算。

次生微晶是塑化过程中已熔融的原生微晶在冷却时形成的，其规整性较差，所以熔融温度向低温侧偏移，而塑化过程中未熔融的原生微晶在 DSC 升温过程中经受了热处理，其熔程向高温侧偏移，因此 DSC 曲线 A 峰的终点温度与 B 峰的起始温度之间出现了微小的间隙，B 峰的起始温度被用来表征 PVC 加工过程中熔体的最高温度。用 DSC 测定 PVC 塑料的熔体温度和微晶熔融焓已被制定为国际标准：ISO 18373-1—2007《rigid PVC pipes-differential scanning calorimetry（DSC）method-Part 1：measurement of the processing temperature［硬聚氯乙烯管材　差示扫描量热法（DSC）　第 1 部分：加工温度的测量］》和 ISO 18373-1—2007《rigid PVC pipes-differential scanning calorimetry（DSC）method-part 2：measurement of the enthalpy of fusion of crystallites［硬聚氯乙烯管材　差示扫描量热法（DSC）第 2 部分：微晶熔融焓的测量］》。

最近，王文治等[12]提出了一种用转矩流变仪估测 PVC 塑化度的较简便方法，步骤如下。

（1）用转矩流变仪在一定条件下测定一未经加工的基础 PVC 配混料的流变曲线。

（2）用转矩流变仪在相同条件下测定待测 PVC 塑料样品的流变曲线。

待测样品的塑化度 G 可由待测样品流变曲线的最大扭矩 $T(S)_{max}$、最小扭矩 $T(S)_{min}$ 和基础配混料流变曲线的最大扭矩 $T(B)_{max}$、最小扭矩 $T(B)_{min}$ 按式（4-3）估算得到。

$$G/\% - \left[1\ \frac{T(S)_{max} - T(S)_{min}}{T(B)_{max} - T(B)_{min}} \right] \times 100 \tag{4-4}$$

王文治等所提出的支持该方法可行性的实验依据如下：分别在基础 PVC 配混料（配方：有机锡 1 份，硬脂酸钙 0.8 份，石蜡 0.6 份）流变实验过程的 5 个特征点（对应于图 2-12 的 a、b、c、d、e 点）处停机，立即从混炼室中取出样品，迅速投入冰水中冷却，晾干，破碎，置于 80℃烘箱中烘 1h，然后，在同样的实验条件下分别进行各样品的流变实验（所得结果见图 2-45）。由实验结果可以得到各样品的最大扭矩 $T(S)_{max}$ 和最小扭矩 $T(S)_{min}$，见表 4-2。

表 4-2　特征点样品的最大扭矩 $T(S)_{max}$、最小扭矩 $T(S)_{min}$ 及其差值

样品	原初	a	b	c	d	e
$T(S)_{max}/N \cdot m$	24.1	25.0	25.6	26.5	29.5	29.7
$T(S)_{min}/N \cdot m$	7.8	9.3	16.1	24.7	27.8	28.0
$T(S)_{max} - T(S)_{min}/N \cdot m$	16.3	15.7	9.5	1.8	1.7	1.7

　　基于 PVC 配混料在转矩流变仪进行塑化试验时，其塑化度会随试验时间的延长而增大，直至成为均一熔体，表 4-2 的实验结果表明，PVC 塑料的 $T(S)_{max} - T(S)_{min}$ 随塑化度的增大而减小。

4.4.2　透明性

　　PVC 树脂属非晶态聚合物，虽含有 10% 以下的微晶，但由于微晶晶粒细小，基本不影响光线透过，故 PVC 本身具有很好的透明性。但是，由 PVC 树脂配合添加剂加工而成的 PVC 制品的透明性存在显著的差别。不同 PVC 制品之所以存在透明性差别，是因为添加剂的折射率和/或存在形态不同。PVC 折射率为 1.544（25℃，$\lambda = 589.3nm$），添加剂的折射率与 PVC 的折射率越接近，而且分散度越高，则所得制品的透明性越好。当添加剂的分散度足够大以至于其粒度远小于可见光波长，并且折射率与 PVC 相同，因此添加剂颗粒不会使可见光发生散射时，添加剂不影响 PVC 的透明性。显然，添加剂与 PVC 的折射率相差越大，分散性越差，则对 PVC 透明性的影响越大。

　　PVC 制品的透明性可采用 GB 2410—2008《透明塑料透光率和雾度的测定》测试。根据该标准，透明塑料的透明性可用透光率和雾度表征，并用透明度仪（也称雾度计，见图 4-9）测定。透光率是指透过试样的光通量和入射试样的光通量之比，而雾度是指透过试样而偏离入射光方向的散射光通量与透射光通量之比。

　　PVC 制品透明性的测试步骤较简单，只需先制备一定厚度的光滑试片，然后用透明度仪直接测定即可。值得注意的是，试片表面必须光滑，而透光率和雾度数据只有当厚度相同时才有可比性。

4.4.3　光泽度

　　润滑剂会极大影响 PVC 制品的表面光泽度。GB 8807—1988《塑料镜面光泽试验方法》介绍了用基于光反射原理设计的镜面光泽（度）仪测定塑料表面光泽度的方法，适用于 PVC 制品表面光泽度的测定。镜面光泽（度）仪及其光路见图 4-10。

　　镜面光泽是指在规定的入射角下，试样的镜面反射率与同一条件下基准

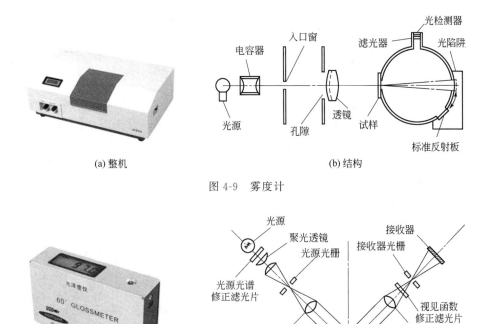

图 4-9　雾度计

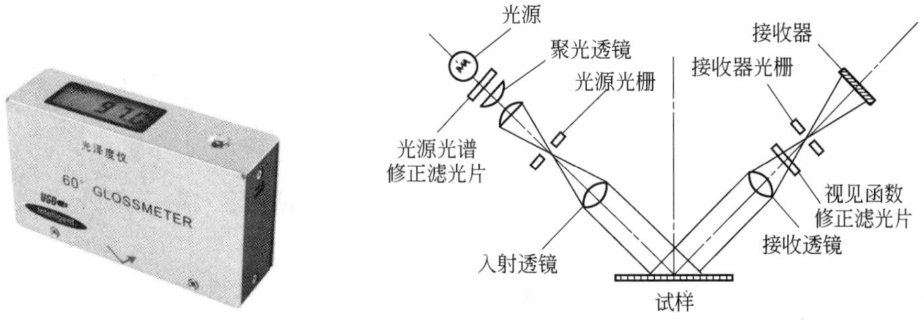

图 4-10　镜面光泽（度）仪

面的镜面反射率之比，结果以百分数或光泽单位（略去％的百分数）表示。镜面反射率为反射光通量与入射光通量之比。

塑料镜面光泽分 20°角、45°角和 60°角三种方法测定。其中，20°角用于高光泽塑料、45°角用于低光泽塑料，60°角用于中等光泽塑料。应该注意的是，镜面光泽（度）的比较，仅适用于采用同样方法的同类型塑料。

4.4.4　喷霜性

润滑剂的喷霜性叫借助 PVC 制品喷霜的测试方法进行测试评价。PVC 制品喷霜的常用测试方法如下[7,8]：将受试配料按通常的加工方法制成 3mm 厚的试片，然后在加速条件下进行强化喷霜，根据在试片表面喷出白色粉末的程度来衡量喷霜性。为有利于喷出白粉的观察，试验配方中通常添加适量的炭黑。常用的加速喷霜试验条件如下。

条件一：将试片置于 60℃自来水中浸泡 24h；

条件二：将试片置于含 0.5％氯化钙的 60℃自来水中浸泡 0.2h；

条件三：将试片置于含 0.5％多硫化铵的 60℃自来水中浸泡 0.2h；

条件四：将试片置于−5℃冷藏库内 200h；

条件五：将试片置于 5℃的自来水中浸泡 48h。

4.4.5　力学性能

润滑剂对 PVC 塑料力学性能的影响可通过测定相关力学性能的变化加以评价。塑料力学性能的测定已有标准方法可依，这些标准方法当然也适用于 PVC 塑料。有关塑料力学性能测定方法的国家标准主要有：

GB/T 1040.1—2006《塑料　拉伸性能的测定　第 1 部分：总则》

GB/T 1040.2—2006《塑料　拉伸性能的测定　第 2 部分：模塑和挤塑塑料的试验条件》

GB/T 1040.3—2006《塑料　拉伸性能的测定　第 3 部分：薄膜和薄片的试验条件》

GB/T 1040.4—2006《塑料　拉伸性能的测定　第 4 部分：各向同性和正交各向异性纤维增强复合材料的试验条件》

GB/T 1041—2008《塑料　压缩性能的测定》

GB/T 1043.1—2008《塑料　简支梁冲击性能的测定　第 1 部分：非仪器化冲击试验》

GB/T 14153—1993《硬质塑料落锤冲击试验方法通则》

GB/T 14484—2008《塑料　承载强度的测定》

GB/T 15047—1994《塑料扭转刚性试验方法》

GB/T 15048—1994《硬质泡沫塑料压缩蠕变试验方法》

GB/T 12027—2004《塑料　薄膜和薄片　加热尺寸变化率试验方法》

GB/T 13525—1992《塑料拉伸冲击性能试验方法》

GB/T 11999—1989《塑料薄膜和薄片耐撕裂性试验方法埃莱门多夫法》

GB/T 10808—2006《高聚物多孔弹性材料　撕裂强度的测定》

GB/T 11546.1—2008《塑料　蠕变性能的测定　第 1 部分：拉伸蠕变》

GB/T 11548—1989《硬质塑料板材耐冲击性能试验方法（落锤法）》

GB 9641—1988《硬质泡沫塑料拉伸性能试验方法》

GB/T 9647—2003《热塑性塑料管材环刚度的测定》

GB 10006—1988《塑料薄膜和薄片摩擦系数测定方法》

GB/T 8812.1—2007《硬质泡沫塑料　弯曲性能的测定　第 1 部分：基本弯曲试验》

GB/T 8812.2—2007《硬质泡沫塑料　弯曲性能的测定　第 2 部分：弯曲强度和表观弯曲弹性模量的测定》

GB/T 8813—2008《硬质泡沫塑料压缩性能的测定》

GB/T 9341—2008《塑料　弯曲性能的测定》

GB/T 6671—2001《热塑性塑料管材纵向回缩率的测定》

GB/T 6344—2008《软质泡沫聚合材料　拉伸强度和断裂伸长率的测定》

GB/T 5478—2008《塑料　滚动磨损试验方法》

GB/T 3960—1983《塑料滑动摩擦磨损试验方法》

GB/T 3354—1999《定向纤维增强塑料拉伸性能试验方法》

GB 3355—2005《纤维增强塑料纵横剪切试验方法》

GB/T 3356—1999《单向纤维增强塑料弯曲性能试验方法》

GB/T 1843—2008《塑料　悬臂梁冲击强度的测定》

4.4.6　电学性质

润滑剂对 PVC 塑料电学性能的影响可通过测试体积电阻率、表面电阻率、介电系数、介质损耗因数和电气强度进行评价。

在试样两相对表面上放置的两电极间所加直流电压与流过这两个电极之间的稳态电流之商，不包括沿试样表面的电流，称为体积电阻。单位体积内的体积电阻称为体积电阻率，其 SI 单位是 $\Omega \cdot m$。体积电阻率是衡量材料电绝缘性的重要参数。

在绝缘材料的表面层里的直流电场强度与线电流密度之商，即单位面积内的表面电阻，称为表面电阻率，其 SI 单位是 Ω。表面电阻率可用于衡量材料的抗静电性。值得注意的是，由于或多或少的体积电导总是要被包括到表面电导测试中去，因此不能精确而只能近似地测量表面电阻或表面电导，另外，表面电阻或表面电导的实测值受试样表面污染的影响，而试样的电容率影响污染物质的沉积，因此表面电阻率并不是一个单纯的材料特性参数，而是材料特性和材料表面污染特征的综合结果。

塑料的体积电阻率和表面电阻率可依据 GB/T 1410—2006《固体绝缘材料体积电阻率和表面电阻率试验方法》或 IEC 60093：1980《固体绝缘材料体积电阻率和表面电阻率试验方法》测定评价。

介电系数和介质损耗因数是材料在交变电场作用下的电学性质，介电系数是一个表征电介质储存电能能力的物理量，其标准术语称为相对电容率，定义为电容器的电极之间及电极周围的空间全部充以绝缘材料时，其电容 C_x 与同样电极构形的真空电容 C_0 之比。由绝缘材料作为介质的电容器上所施加的电压与由此而产生的电流之间的相位差的余角 δ 称为介质损耗角，损耗角的正切 $\tan\delta$ 称为介质损耗因数。影响介电性质测定的主要因素有频率、湿度、温度和电场强度，其相关国家标准为 GB/T 1409—2006《测量电气绝缘材料在工频、音频、高频（包括米波波长在内）下电容率和介质损耗因数的推荐方法》，该标准系修改采用 IEC 60250：1969《测量电气绝缘材料在工频、音频、高频（包括米波波长在内）下电容率和介质损耗因数的推荐方法》而制订的。

试样承受电应力作用时，其绝缘性能严重损失，由此引起的回路电流促使相应的回路断路器动作，称为电气击穿。击穿电压是指在连续升压试验中，在规定的试验条件下，试样发生击穿时的电压；或者是在逐级升压试验中，试样承受住的最高电压，即在该电压水平下，整个时间内试样不发生击穿。而在规定的试验条件下，击穿电压与施加电压的两电极之间距离的商称为电气强度。

击穿通常是由试样和电极周围的气体或液体媒质中的局部放电引起的，并使得较小电极（或等径两电极）边缘的试样遭到破坏。影响电气强度测试值的因素有试样的厚度和均匀性，是否存在机械应力，试样预处理，是否存在孔隙、水分或其他杂质等试样的状态因素，以及施加电压的频率、波形和升压速度或加压时间；环境温度、气压和湿度，电极形状、尺寸及其热导率，周围媒质的电、热特性等试验条件因素也影响电气强度测试值。测定电气强度的国家标准是 GB/T 1408.1—2006《绝缘材料电气强度试验方法 第1部分：工频下试验》，该标准系等同采用 IEC 60243-1：1998《绝缘材料电气强度试验方法　第1部分：工频下试验》而制订的。

4.4.7　耐候性

户外使用的 PVC 制品会因日光的作用和风雪雨露、昼夜更替、季节变化、大气污染等的影响而老化。人们通常把由这些自然因素综合造成的材料老化称为天候老化，而把材料抵抗天候老化的能力称为耐候性。天候老化会造成 PVC 制品变色、失去透明性、发生喷霜、出汗等现象，并可能导致机械强度下降。

高分子材料的耐候性测试方法有天然老化试验和人工加速老化试验两大类。两类方法各具优缺点，因此各有不同的用途。天然老化试验的测试结果与实际使用情况较接近，但试验时间长、费用高，并且评价结果有地域局限性，因此通常主要用于制订实用配方；人工加速老化试验的测试结果与实际使用情况有较大差距，但试验时间较短、费用较低，并且测试结果重现性较高，因此主要用于光稳定剂的比较筛选。原理上，如果能够建立人工加速老化试验和天然老化试验两类试验结果之间的确切对应关系，人工加速老化试验也可用于实用配方的制订。可惜的是，直到目前这种对应关系还未能建立。因此，户外使用耐候性材料配方的制订是一项复杂、费时、费用高和经验性强的工作。

4.4.7.1　天然老化试验

天然老化试验的国家标准有 GB/T 3681—2011《塑料 自然日光气候老化、玻璃过滤后日光老化和菲涅耳镜加速日光气候老化的暴露试验方法》。GB/T 3681—2011 规定了在太阳辐射下的自然气候直接暴露方法，样品的暴露方向应面向正南，并根据暴露地点的气候类型与水平面形成一规定角度，在经规定暴露阶段后，测定其光学、机械及其他有效性能的变化。该标准等效采用 ISO 877：1994《塑料——直接大气暴露、玻璃过滤日光大气暴露和 Fresnel 镜反射日光强化大气暴露试验方法》其中之方法 A。

日光的近紫外区（300～400nm）辐射是引起塑料老化的主要因素，经玻璃过滤后的日光从 370～830nm 波长范围内的透过率大约还有 90%，仍然能使塑料老化。塑料的耐老化性能可以用塑料在玻璃板过滤后的日光下经过一定暴露阶段后的性能变化来表示。暴露阶段可以用暴露时间表示，但是因地球表面接受的阳光谱的性质和强度随气候、地理位置、季节和一天中的时间而变化，所以，除长达数年之久的暴露外，暴露时间不宜作为估计太阳辐射能的参数，当暴露的主要目的是为了测定耐光老化性能时，以用太阳辐射剂量表示为佳。此标准采用符合世界气象组织（WMO）规定的日射表配合日射记录仪或符合 GB 730 规定的日晒牢度蓝色标准两种方法测定太阳辐射剂量。GB/T 14519—1993《塑料在玻璃板过滤后的日光下间接暴露试验方法》是参照采用 ISO 877：1976《塑料——遮盖着玻璃暴露于日光下耐老化性能的测定》。

4.4.7.2　人工加速老化试验

（1）实验方法　人工加速老化试验的国家标准有 GB/T 12000—2003《塑料暴露于湿热、水喷雾和盐雾中影响的测定》和 GB/T 16422。GB/T 12000—2003《塑料暴露于湿热、水喷雾和盐雾中影响的测定》规定了塑料暴露于湿热、水喷雾和盐雾的条件，以及给定暴露周期后一些重要性能变化的评价方法。

到达地球表面的阳光，其辐射特性和能量随气候、地点和时间而变化。进行自然阳光暴露时，影响老化进程的因素除太阳辐射外，还有许多因素，如温度、温度的周期性变化及湿度等。为了减少重复暴露试验结果的差异，在特定暴露地点的大气暴露试验至少连续暴露两年。然而，可以通过模拟自然阳光长期暴露作用的加速试验，以获得材料耐候性的结果，为此建立了一套塑料实验室光源暴露试验方法的标准 GB/T 16422，该标准等效采用 ISO 4892：1994《塑料——实验室光源暴露试验方法》。

大多数材料在由辐照量引起的反应中，对于光谱吸收是有选择性的。为了使暴露装置的光源所产生的光化学反应与材料在自然阳光暴露时相同，应使人工光源尽量准确地模拟阳光的光谱能量分布。波长范围在 $300\sim450\mathrm{nm}$ 内的地面阳光辐照度为 $1090\mathrm{W/m^2}$，其光谱辐照度分布见表 4-3。

表 4-3　光谱辐照度分布

区域	波长/nm	总分布/%	辐照度/$(\mathrm{W/m^2})$
紫外区	$300\sim320$	0.4	4
	$320\sim400$	6.4	70
可见区	$400\sim800$	55.4	604
红外区	$800\sim2450$	37.8	412
总辐射	$300\sim2450$	100	1090

GB/T 16422 共有四部分，即 GB/T 16422.1—1996《塑料实验室光源暴露试验方法　第 1 部分：通则》，而按照使用光源的类别，其他三部分为：GB/T 16422.2—1999《塑料实验室光源暴露试验方法　第 2 部分：氙弧灯》、GB/T 16422.3—1997《塑料实验室光源暴露试验方法　第 3 部分：荧光紫外灯》和 GB/T 16422.4—1996《塑料实验室光源暴露试验方法　第 4 部分：开放式碳弧灯》

氙灯辐射经适当滤光后，其光谱能量分布与阳光中之紫外、可见光部分最相似。石英套管的氙弧灯的光谱范围包括波长大于 270nm 的紫外光、可见光和红外光。GB/T 16422.2—1999《塑料实验室光源暴露试验方法　第 2 部分：氙弧灯》中之方法 A 是辐射光源经过滤，提供与地球上的日光相似的光谱能量分布。方法 B 则是采用可减少波长 320nm 以下光谱辐照度的滤光器来模拟透过窗玻璃滤光后的日光。

荧光紫外灯使用一种低压汞弧激发荧光物质而发射出紫外光，它能在较窄的波长区间产生连续光谱，通常只有一个波峰。其光谱分布是由荧光物质的发射光谱和玻璃的紫外透过性决定的。荧光紫外灯发出的红外线比氙灯和碳弧灯少，试样表面加热作用基本上是由热空气对流形成的。

GB/T 16422.3—1997《塑料实验室光源暴露试验方法　第 3 部分：荧光紫外灯》使用发射 400nm 以下紫外光的能量至少占总输出光能 80% 的荧光灯，有两个型号：

Ⅰ型灯，发射 300nm 以下的光能低于总输出光能 2%，通常称为 UV-A 灯。有 UV-A340、UV-A351、UV-A355 和 UV-A365 等多种不同的辐射光谱分布可供选择，名称中之数字表示发射峰的特征波长。UV-A340 的发射峰接近夏天中午日光的（紫外部分）光谱分布；UV-A351 用于模拟日光透过玻璃后的情况。

Ⅱ型灯，发射 300nm 以下的光能大于总输出光能 10%，通常称为 UV-B 灯。其发射光谱分布具有接近 313nm 汞线的峰值，在日光波长 300nm 以下有大量的辐射，可引起材料在户外不发生的老化。

碳弧灯光源必须经过滤光后才能进行试验。GB/T 16422.4—1996《塑料实验室光源暴露试验方法　第 4 部分：开放式碳弧灯》所采用的 3 种型号的碳弧灯加滤光器之前在特定波段的透光率见表 4-4。

表 4-4　滤光器使用前在特定波段的透光率

型号 1		型号 2		型号 3	
波长/nm	透光率/%	波长/nm	透光率/%	波长/nm	透光率/%
255	≤1	275	≤2	295	≤1
302	71～86	320	65～80	320	≥40
≥360	>91	400～700	≥90	400～700	≥90

型号 1 是多数碳弧箱习惯配用的玻璃滤光器，它透过部分日光中所缺乏的较短波紫外辐射可能使试验出现大气暴露所没有的降解反应。型号 2 滤光器能吸收通常不出现于日光中的短波辐射。型号 3 滤光器是模拟 1.8～2.0mm 厚的窗玻璃的透光性。这三种型号滤光器都不能完全有效地改变碳弧灯光谱与日光紫外区的差异。

碳弧灯的光谱能量分布与太阳光差别较大，因此，这类方法已越来越少使用。

（2）影响因素　不论选用哪种方法都必须注意，实验室光源与特定地点的大气暴露试验结果之间的相关性只适用于特定种类和配方的材料及特定的性能，且其相关性已为过去的试验所证实了的场合。

加速降解的原因可能是试样暴露于地面阳光中所没有的短波紫外辐射，或是暴露于材料特别敏感的加强光谱区域。提高入射辐照度而不改变光谱分布也能产生加速作用。任何一种加速方法，都可能导致反常的结果。正确选择光源的光谱能量分布及试验温度，既能产生加速作用，又可避免由于异常高辐照度或高温而导致的反常结果。

被暴露材料的最高表面温度主要依赖于辐射吸收、辐射发射、试样内部热传导、试样与空气或与试样之间的热传递。由于监测单个试样的温度是不实际的，所以使用特定的黑板作为测定和控制温度的感温件。PVC 的老化降解对温度很敏感，宜用低于 60℃ 的辐照暴露温度进行试验。

水分的存在，特别是以凝露形式存在于试样暴露面时，对加速暴露试验可能有很大影响。降雨的影响表现为雨水对表层的冲刷、粉化、去污等作用以及降雨造成的热冲击作用。露水中富含氧，且停留时间长，故影响更大。标准中采用对试样表面喷水或凝露的润湿装置模拟雨、露的影响。

为了得到暴露全过程完整的特性，需测定试样在若干暴露阶段的变化。当进行规定时间的暴露时，必须对被测试料确定暴露结果的重现性。引起相关性差异的因素如下。

a. 含有波长比自然阳光暴露更短的紫外辐射；

b. 辐射光谱相对能量分布与阳光相差大；

c. 辐照度很高（比自然阳光）；

d. 试样温度较高，特别是对于受热作用就能快速发生变化的材料；

e. 使用不纯的水。

4.4.8　卫生性

随着社会环保意识日益增强，对 PVC 塑料卫生性的要求越来越高，并已提升到法规的层面。以 RoHS 指令（the Restriction of the Use of Certain Hazardous Substances in Electrical and Electronic Equipment，Directive 2002/95/EC）于 2006 年 7 月生效为标志，PVC 塑料的环保化步入快车道。

与润滑剂卫生性相关的国家标准主要有 GB 9681—1998《食品包装用聚氯乙烯成型品卫生标准》、GB 9685—2003《食品容器、包装材料用助剂使用卫生标准》、GB 14944—1994《食品包装用聚氯乙烯瓶盖垫片及粒料卫生标准》、GB 15593—1995《输血（液）器具用软聚氯乙烯塑料》、GB/T 17219—1998《生活饮用水输配水设备及防护材料的安全性评价标准》和 GB/T 10002.1—2006《给水用硬聚氯乙烯（PVC-U）管材》、GB/T 10002.2—2003《给水用硬聚氯乙烯（PVC-U）管件》等，主要是对重金属和某些有机物作出限制，生产者和使用者可按照使用要求对润滑剂作出选择、控制和评定。

参 考 文 献

[1] 盖希特 R. 塑料添加剂手册. 陈振兴，杨新源，王自昌等译. 北京：化学工业出版社，1992. 307-318.

[2] 茨魏费尔 H. 塑料添加剂手册. 原著第五版. 欧育湘，李建军等译. 北京：化学工业出版社，2005. 352-357.

[3] 威尔克斯 C E，萨默斯 J W，丹尼尔斯 C A. 聚氯乙烯手册. 乔辉，丁筠，盛平厚等译. 化学工业出版社，2008. 112-116.

[4] 山西省化工研究所. 塑料橡胶加工助剂. 第 2 版. 北京：化学工业出版社，2002. 481-483.

[5] Lindner R A，Worschech K. "Lubricants for PVC"，in. Encyclopedia of PVC，2nd ed，Nass L I，Heiberger C A，editors. New York：Maecel Dekker，1988，Vol 2. 263-290.

［6］　吴茂英. PVC 热稳定剂及其应用技术. 北京：化学工业出版社，2010. 36-44.

［7］　山西省化工研究所. 塑料橡胶加工助剂. 第 2 版. 北京：化学工业出版社，2002. 305-306.

［8］　吴茂英. 脂肪酸稀土用作 PVC 热稳定剂的压析和喷霜特性. 塑料工业，2000，28（1）：36-37.

［9］　Fillot L-A，Hajji P，Gauthier C，et al. U-PVC gelation level assessment，Part 1：Comparison of Different Techniques. J. Vinyl Addit Technol，2006，12：98-107.

［10］　林师沛，陈晓梅. 用 DSC 测定聚氯乙烯的凝胶化度. 聚氯乙烯，1995，（2）：51-55.

［11］　王淑英，吴其晔，潘洪亮. 流变法与 DSC 法测量 PVC 凝胶度的原理与结果讨论. 塑料工业，1995，16（2）：122-126，135.

［12］　王文治，赵侠，郑德等. 一种检测聚氯乙烯或氯化聚氯乙烯熔合度的方法. 中国，1003175755. 2013-06-26.

第5章
PVC 润滑剂的品类、特性与用法

5.1　单组分润滑剂

如第 2 章所述，目前已开发并可供工业化应用的 PVC 润滑剂包括脂肪酸、金属皂、羧酸酯、脂肪酰胺、脂肪醇和烃等类型化合物。这些类型的 PVC 润滑剂各具特点、适用于不同的应用领域[1~4]。本节尝试从主要类型与基本特点、常用品种的性质和性能、在各类制品中的一般用法以及应用配方示例四个方面对单组分 PVC 润滑剂及其应用作进一步阐述。

5.1.1　主要类型与基本特点

5.1.1.1　脂肪酸类

脂肪酸种类很多[5]，但用作 PVC 润滑剂的脂肪酸一般为 C_{12} 以上的高级饱和脂肪酸。脂肪酸类润滑剂兼具金属、PVC 表面改性和内、外滑移功能。由于与 PVC 相容性较好，脂肪酸的 PVC 表面改性性能不如金属皂，但压析性低、对制品透明性影响小。随碳链增长，脂肪酸类润滑剂的外滑移性能增强。工业上实际应用的脂肪酸类润滑剂主要是硬脂酸、12-羟基硬脂酸、褐煤酸（montanic acid，也称为蒙旦酸，是 $C_{28} \sim C_{32}$ 偶碳直链饱和一元脂肪酸，由从褐煤萃取得到的粗褐煤蜡经热铬硫酸氧化漂白得到[6]），其中硬脂酸应用最广。与硬脂酸相比，羟基硬脂酸与 PVC 树脂的相容性更好，挥发性更低，具有更强的内润滑作用，但热稳定性差；褐煤酸碳链长，外润滑性能更强，因此综合性能更优。脂肪酸对于 PVC 润滑剂的意义不仅在于其自身可直接用作有效的润滑剂，还在于它们是合成金属皂、羧酸酯、脂肪酰胺以及脂肪醇类润滑剂的原料。

5.1.1.2　金属皂类

金属皂通常指钠、钾以外金属的高级脂肪酸盐，它们既是重要的 PVC 热稳定剂[7]，又是重要的 PVC 润滑剂。金属皂具有强的 PVC 和金属表面非极性化改性功能和一定的外滑移功能，随脂肪酸碳链增长，外滑移功能增强。

在硬质 PVC 中，最常用的金属皂润滑剂是硬脂酸钙。正如在第 2 章 3.3 节中已经论述的，硬脂酸钙具有很强的 PVC 和金属表面非极性化改性功能，当与具有外滑移功能的润滑剂（如烃类）并用时可协同有效推迟物料塑化并降低其金属黏附性。值得注意的是，硬脂酸钙在有些应用（如铅盐稳定体系）中显示促进 PVC 塑化的特性，一直被误认为是一种内润滑剂，但是硬脂酸钙实际上不是内润滑剂而是外润滑剂，它之所以促进 PVC 塑化、表现"表观"的内润滑效应，是因为其自身熔体黏度高、摩擦生热大、对机械力的传递效率高，加速了物料升温。对于唱片以及其他某些特殊情形，硬脂酸钡被用于代替硬脂酸钙。在含铅基热稳定剂的物料中，硬脂酸铅兼具 PVC 和金属表面非极性化改性及外滑移功能，是一个优良的外润滑剂。但是，硬脂酸铅不能用于含硫醇锡热稳定剂的 PVC 中，因为会反应生成黑色的硫化铅。

用于软质 PVC 加工的固体复合金属热稳定剂通常是以硬脂酸或月桂酸钙或钡为基础的。在有增塑剂存在的情况下，这些热稳定剂也是典型的多功能润滑剂。液体复合金属热稳定剂通常使用诸如辛酸、油酸或妥尔油酸等液体酸的同类盐，它们也具有类似的多功能润滑性能。对于软质 PVC，在许多情况下，复合金属热稳定剂本身即可提供足够的润滑作用，不需要另加润滑剂。

5.1.1.3　羧酸酯类

羧酸酯类润滑剂通常简称"酯类润滑剂"，是高级脂肪酸和二元羧酸的酯类化合物，由于构成酯类润滑剂的羧酸、脂肪醇结构的复杂性，导致其组成和润滑性能的多样性[8]。在这类润滑剂中，酯基及结构中未酯化的羟基是极性基团，而脂肪酸及脂肪醇的长碳链构成了其非极性部分，酯基和羟基与 PVC 等极性树脂具有强亲和性，赋予润滑剂与极性树脂相容和内润滑（内滑移）功能；但是，如果碳链长度过大或酯化度过高，致使非极性部分在分子结构中的比重提高，分子极性下降，相容性相应降低，则外润滑作用增强。通过改变构成羧酸酯类润滑剂的羧酸、脂肪醇及酯化度，可以开发出适应不同应用要求的系列酯类润滑剂品种。

（1）一元醇单一羧酸酯

① 一元醇一元羧酸酯　此类润滑剂包括高级脂肪酸低碳醇酯和高级脂肪酸高碳醇酯。其中，硬脂酸丁酯系高级脂肪酸低碳醇酯的代表性品种，内润滑性能优异，能促进 PVC 塑化，但挥发性大，高温持续润滑性能差，与硬脂酸等配合润滑效果尤佳。高级脂肪酸高碳醇酯以硬脂酸十八醇酯最具代表性，由于其性状似蜡，故又有"酯蜡"之称。此类润滑剂的突出特点是结构中含有酯基和长碳链烷基，兼具内、外润滑性能，而且无水敏性（不含羟

基），挥发性低，热稳定性高、高温持续润滑效果好，耐压析，不影响制品透明性，对热变形温度影响小。

② 一元醇二元羧酸酯　邻苯二甲酸双（十八醇酯）是此类润滑剂的常用品种，与 PVC 具有良好的相容性，内润滑性能优良，热稳定性好，无水敏性，耐压析，不影响制品透明度，对热变形温度影响不明显，与所有的润滑剂和热稳定剂体系配伍性好。

（2）多元醇（醚）单一羧酸酯　此类润滑剂包含由多元醇或多元醇醚的部分或全部羟基与单一的一元羧酸缩合形成的羧酸酯。由多元醇（醚）的部分羟基形成的羧酸酯常简称为多元醇（醚）偏酯，而由多元醇（醚）的全部羟基形成的羧酸酯常简称为多元醇（醚）全酯。多元醇（醚）偏酯由于其结构中残留未酯化的羟基，分子极性大，与 PVC 相容性好，倾向内润滑行为，同时兼备抗静电、防雾滴功能。甘油偏酯稍有水敏性、不纯时有压析倾向、与铅盐混合在阳光下会产生可逆的变灰现象（变色龙效应），并可能降低热变形温度。多元醇（醚）全酯润滑剂的酯化程度高、极性较弱，但热稳定性好、耐挥发，可赋予 PVC 外润滑效果。甘油、二甘油醚、乙二醇和季戊四醇的硬脂酸、油酸、12-羟基硬脂酸以及褐煤酸酯是此类润滑剂的常用品种。

（3）多元醇混合羧酸缩聚酯　此类润滑剂也称为复杂酯（complex ester）或高分子量聚合酯（high molecular weight poly ester）类润滑剂，其结构比较复杂，一般是多元醇与二元羧酸和一元脂肪酸的低聚合度缩聚酯。其中，二元羧酸主要是己二酸和丁二酸，多元醇主要是甘油、季戊四醇和三羟甲基丙烷，一元脂肪酸则主要是价廉易得的硬脂酸和油酸以及褐煤酸。此类润滑剂由于分子量大，分子结构中既含有长碳链的脂肪烷基，又存在未酯化的羟基和大量的酯基，因此与 PVC 相容性好、挥发性低、热稳定性高、耐压析、无水敏性，外润滑性能优异（金属表面非极性化改性性能高并兼具不同程度的外滑移性能，可有效改进 PVC 熔体的脱模性）而又不影响制品透明性。20 世纪 80 年代初期，德国 Henkel 公司率先开展复杂酯类润滑剂的研究和开发，其产品 Loxiol G70、Loxiol G70S、Loxiol G71、Loxiol G72、Loxiol G73、Loxiol G74 等（现归 Emery Oleochemicals 公司）迄今仍不失为复杂酯类润滑剂的代表性品种。德国 Hoechst 公司（现归 Clariant 公司）随后将复合酯技术引入褐煤酸酯体系，开发出了具有独特应用特性的新复杂酯润滑剂。

5.1.1.4　脂肪酰胺类

PVC 润滑剂用脂肪酰胺主要是简单脂肪酰胺和亚烷基双脂肪酰胺。硬脂酰胺、油酸酰胺和芥酸酰胺等简单脂肪酰胺广泛用作聚烯烃和聚苯乙烯的润滑剂，但在 PVC 中主要用作脱模剂。脂肪酰胺会减损 PVC 的热稳定性

（游离氨基会导致 PVC 变色），因此只能少量添加或用于热老化问题并不重要的情形。如果是后者的话，上述简单脂肪酰胺是软质 PVC 膜或片的优良多功能润滑剂。硬脂酰胺主要用于填充制品，而油酸酰胺主要用于透明或半透明片。尽管可以通过调整热稳定剂体系以克服脂肪酰胺对 PVC 热稳定性的影响，但实际的趋势是用酯类润滑剂取而代之。

用于 PVC 的最重要脂肪酰胺润滑剂是亚乙基双硬脂酰胺（EBS）。EBS 外观为蜡状固体，质硬，有"酰胺蜡"之称。在稀溶液中，EBS 会发生氢键缔合而使极性降低。因此，EBS 在 PVC 中提供外滑移作用。EBS 通常与硬脂酸钙并用于硬质壁板、型材和模塑管件。这一并用可以提供宽的加工范围（processing latitude），并使制品表面既具有爽滑性又不呈现油或蜡性。对于硬质PVC 膜或片，为不影响透明性，EBS 通常与相应的酯类润滑剂并用。

5.1.1.5　脂肪醇类

PVC 润滑剂用脂肪醇主要是称为硬脂醇（C_{18} 为主）或鲸蜡醇（C_{16} 为主）的 C_{16}～C_{18} 饱和脂肪醇混合物。它们的颜色和热稳定性高，与 PVC 树脂相容性好，内润滑作用显著，不影响制品透明性，具有促进助剂分散的作用，但挥发性较大、价格较高。脂肪醇润滑剂主要用于与二碱式亚磷酸铅和三碱式硫酸铅并用，用量为 0.2～0.5 份，具有改善这些热稳定剂流动性而又不干扰配混料塑化时间的作用。脂肪醇润滑剂与金属氧化物填料并用也具有相似的作用。

5.1.1.6　烃类

烃类润滑剂包括石蜡、聚乙烯蜡等非极性烃化合物和氧化聚乙烯蜡等极性烃化合物。

（1）石蜡　由石油精炼或由 Fischer-Tropsch 工艺合成得到的石蜡是应用最普遍的高效 PVC 外滑移剂，当与具有 PVC 和/或金属表面非极性化改性功能的润滑剂（如金属皂）并用时可协同有效推迟物料塑化和/或降低其金属黏附性。它们具有价格低、颜色好、低毒以及稳定性高等特点。石蜡烃虽然是非极性分子，但它们的支化点和微量不饱和键是可极化的。无支化的链段可形成微晶（或至少是具有高规整性的区域），支化点和不饱和基团则位于这些区域的外围。这导致石蜡具有性质不同的两部分：一部分是规则取向的长链烷基，它们与 PVC 的相容性非常低；另一部分是可极化的无定形区段，它们可以与 PVC 发生缔合作用。因此，不同类型的石蜡对 PVC 的润滑性能有所不同。不过，石蜡与 PVC 的相容性都不高，因此有压析倾向，不适用于透明制品。

由石油精炼得到的石蜡也称石油蜡，包括普通石蜡、混晶（石）蜡和微晶（石）蜡三类[9]。普通石蜡（通常简称石蜡）主要由线型烷烃构成，固体为大颗粒晶体，质地硬而脆，与石油的亲和力小；微晶蜡含有大量的支链和环烷基，固体为微晶，柔软而坚韧，与石油的亲和力高；混晶蜡也称半微晶蜡，性质介于普通石蜡和微晶蜡。表 5-1 总结了三类石蜡的重要结构特征和性质。

表 5-1　三类石蜡的重要结构特征和性质

蜡类型	碳链长度	平均相对分子质量	支化度/%	软化温度/℃
（普通）石蜡	20～36	300～420	＜20	46～68
混晶（石）蜡	30～50	400～600	20～60	50～80
微晶（石）蜡	30～70	600～800	＞60	60～93

Fischer-Tropsch 工艺合成得到的石蜡简称合成石蜡，也称聚亚甲基蜡、Fischer-Tropsch 石蜡或 F-T 石蜡（费-托蜡），由两份氢气和一份一氧化碳在高温高压和催化剂作用下合成[10]。合成石蜡具有微晶结构，平均相对分子质量约 1000、熔点为 100～110℃、水白色、硬度高且无油性。与石油蜡相比，合成石蜡的支化度更低，延迟塑化和降低扭矩的效能更高，特别适用于挤出管材、型材和注塑管件；与此同时，合成石蜡具有更优异的介电常数、电阻和电击穿强度，特别适合作为电线和电缆包覆制品的润滑剂。

（2）聚乙烯蜡和氧化聚乙烯蜡　聚乙烯蜡（PE 蜡）是平均相对分子质量为 1000～2500 的低分子量聚乙烯，可由乙烯通过高压或低压聚合制得，也可通过高分子量聚乙烯的可控热解得到[11]。由乙烯通过高压聚合制得的聚乙烯蜡密度（0.92～0.94g·cm⁻³）和软化点（85～115℃）较低，而由乙烯通过低压聚合制得的聚乙烯蜡密度（0.94～0.97g·cm⁻³）和软化点（125～140℃）较高。聚乙烯蜡化学性质稳定，电性能优良，具有类似于石蜡的 PVC 润滑性能，但对用量敏感。随产品的密度和软化点提高，其结晶性提高，与 PVC 的相容性下降，外滑移性能增强。聚乙烯蜡也有压析倾向，不适用于透明制品。

在柱状容器中熔融聚乙烯均聚物并吹入空气可制得氧化聚乙烯蜡（OPE 蜡）。氧化作用导致聚乙烯在支化点发生分子断裂，同时生成大量的氧化基团，包括羧基、羟基、酯基、醛基、酮基以及氢过氧基等，氧化聚乙烯蜡具有较强的极性，与 PVC 的相容性较好，具有强的金属表面非极性化改性性能，可有效改进 PVC 熔体的脱模性，尤其在与具有外滑移功能的润滑剂并用时效果更好。氧化聚乙烯蜡也有高、低密度之分，低密度氧化聚乙烯蜡平均相对分子质量（约 1000）和软化温度（约 104℃）低，对 PVC 树脂的塑化无明显影响；高密度氧化聚乙烯蜡平均相对分子质量（约 9000）和软化温度（约 140℃）高，可促进 PVC 树脂塑化。

（3）其他品种　可用作 PVC 润滑剂的烃类化合物还有聚丙烯蜡、氧化

F-T 蜡等，它们的性能与聚乙烯蜡、氧化聚乙烯蜡相似，不常用。

5.1.1.7　润滑型加工助剂

具有核-壳结构的丙烯酸酯类加工助剂，如 Paraloid K-175（甲基丙烯酸甲酯/丙烯酸丁酯/苯乙烯共聚物），兼具加工助剂和外润滑剂的双重功能，称为润滑型加工助剂[12]。该类加工助剂由与 PVC 相容和不相容的两部分组成，与 PVC 相容部分具有加工助剂作用（提高熔体均匀性和热熔体强度），而与 PVC 不相容部分能阻止熔体对金属表面黏附。当用部分润滑型加工助剂代替常规的外润滑剂时还能防止压析，这是由于其分子中与 PVC 相容部分会连接在 PVC 熔体中，避免了整个分子脱离熔体。

5.1.2　常用品种的性质和性能

5.1.2.1　理化性质

常用单组分 PVC 润滑剂的重要理化性质[13~16]列于表 5-2。

表 5-2　常用单组分 PVC 润滑剂的重要理化性质

化合物类型	常用品种	代表性牌号	外观	熔(滴)点/℃	密度/g·cm⁻³	黏度/mPa·s	酸值/mg KOH·g⁻¹
金属皂	硬脂酸钙	Loxiol EP3500	粉末	150~160	—	—	—
	硬脂酸铅	—	粉末	100~110	—	—	—
脂肪酰胺	亚乙基双硬脂酰胺（EBS）	Advawax 280	固体	141~147	—	—	—
脂肪醇	硬脂醇	Loxiol G53MY	固体	50~54	—	—	—
脂肪酸	硬脂酸	Loxiol G20	固体	54~56	—	—	205~210
	12-羟基硬脂酸	Loxiol G21H	固体	71~80	—	—	172~190
	褐煤酸（S 蜡）	Licowax S	固体	~82	—	约 80③	~144
氧化聚乙烯蜡（OPE 蜡）	低密度 OPE 蜡	A-C629A	粉末	104	0.93	约 200⑤	16
	高密度 OPE 蜡	A-C316A	粉末	140	0.98	约 8500⑥	16
羧酸酯（多元醇单一羧酸酯）	单油酸甘油酯（GMO）	Loxiol G10	液体	<4	—	150~240②	0~1.0
	单 12-羟基硬脂酸甘油酯	Loxiol G11	液体	<-10	—	500~600②	0~1.0
	单硬脂酸甘油酯（GMS）	Loxiol G12	固体	58~61	—	—	0~2.0
	油酸二甘油醚酯	Loxiol G16	液体	<0	—	90~130①	0~1.0
	单和双硬脂酸季戊四醇酯	Loxiol HOB7121	固体	45~55	—	—	—
	褐煤酸乙二醇酯（E 蜡）	Licowax E	固体	约 81	—	约 30④	18
	褐煤酸甘油酯	Licolub WE4	固体	约 80	—	约 60③	26

续表

化合物类型		常用品种	代表性牌号	外观	熔(滴)点/℃	密度/g·cm⁻³	黏度/mPa·s	酸值/mg KOH·g⁻¹
羧酸酯	一元醇单一羧酸酯	硬脂酸异十三醇酯	Loxiol G40	液体	<7	—	28~31①	0~0.5
		硬脂酸硬脂醇酯	Loxiol G32	固体	52~56	—	—	0~2.0
		山嵛酸硬脂醇酯	Loxiol G47	固体	60~64	—	—	0~2.0
		邻苯二甲酸二硬脂醇酯	Loxiol G60	固体	44~47	—	—	0~2.0
	多元醇混合羧酸缩聚酯	己二酸-油酸季戊四醇酯	Loxiol G71S	液体	<-2(-20)	—	1200~1900①	0~12
		己二酸-硬脂酸季戊四醇酯	Loxiol G70S	固体	49~52	—	—	0~15
		己二酸-褐煤酸季戊四醇酯	Licolub WE40	固体	约76	—	约150③	约20
聚乙烯蜡(PE 蜡)	低密度 PE 蜡		A-C617A	粉末	102	0.91	约180⑤	—
	高密度 PE 蜡		Licowax PE190	固体	约135	约0.96	约25000⑤	—
石蜡	普通		—	固体	57~63	—	—	—
	微晶		RL-165	固体	71	0.91	—	—
	合成(F-T 蜡)		Sasolwax H1	粉末	112	—	—	—

①20℃；②30℃；③100℃；④120℃；⑤140℃；⑥150℃。

5.1.2.2　性能特点

（1）润滑性能　关于常用单组分 PVC 润滑剂的润滑性能特点，第 2 章中已有说明。为有利于更好地把握常用单组分 PVC 润滑剂的润滑性能，表 5-3~表 5-7 补充列出了文献报道的一些实验结果[3]。

表 5-3　一些常用羧酸酯润滑剂的塑化时间及其随用量的变化

测试润滑剂用量/份	塑化时间/min
2.0	

续表

测试润滑剂用量/份	塑化时间/min
0.5	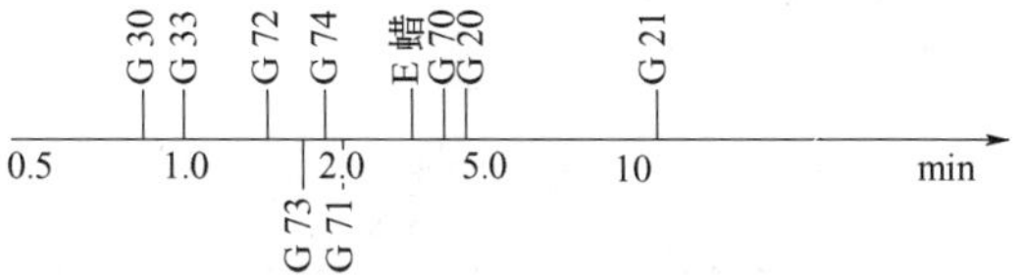 标尺刻度：0.5　1.0　2.0　5.0　10　min；标记位置：G 30、G 33、G 72、G 74、E 蜡、G 70、G 20、G 21（G 73、G 71 位于下方约 2.0 处）

注：基础配方（质量份）为 PVC（K 为 55）100，三碱式硫酸铅 2，硬脂酸钙 0.3。

表 5-4　几种不同类型常用润滑剂的塑化性能

润滑剂	塑化时间/min	塑化扭矩/N·m
硬脂酸	10.5	3.76
聚乙烯蜡	9.1	3.50
费-托蜡	7.2	3.55
石蜡	2.4	4.77
EBS	6.6	4.07
硬脂醇	1.7	4.92
邻苯二甲酸二硬脂醇酯	1.5	5.08
单油酸甘油酯	1.8	4.60
硬脂酸棕榈醇酯	2.0	4.75
E 蜡	5.5	3.85

注：基础配方（质量份）为 PVC（K 为 55）100，硫醇锡 1.5，硬脂酸钙 0.5，润滑剂 0.5；实验条件为温度 150℃，转子转速 10r/min。

表 5-5　一些常用外润滑剂的塑化时间及其随流变仪转子转速的变化

流变仪转子转速/(r/min)	塑化时间/min
20	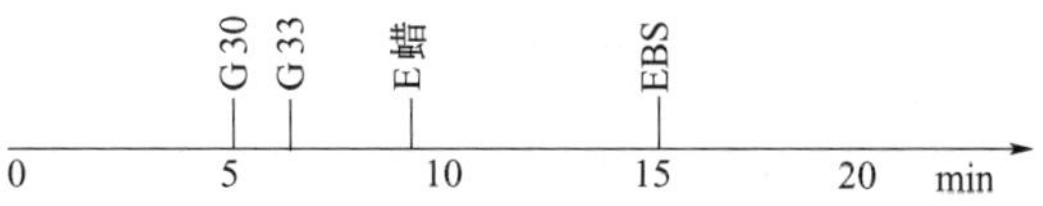 标尺刻度：0　5　10　15　20　min；标记位置：G 30、G 33、E 蜡、EBS
40	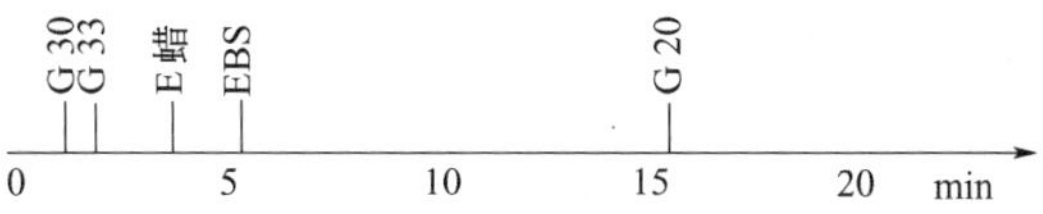 标尺刻度：0　5　10　15　20　min；标记位置：G 30、G 33、E 蜡、EBS、G 20

注：基础配方（质量份）为 PVC（K 为 55）100，三碱式硫酸铅 2，硬脂酸钙 0.3，测试润滑剂 1；实验温度：165℃。

表 5-6　几种常用外润滑剂的脱模性能

润滑剂用量/份	粘辊时间/min				
	无润滑剂	EBS	硬脂酸钙	硬脂酸	E 蜡
0.25	9.0	12.0	10.5	13.0	10.5
0.5	9.0	12.5	14.0	14.5	15.5
0.75	9.0	13.5	21.0	15.0	31.0
1.0	9.0	13.0	49.0	15.5（降解）	44.5（降解）

注：基础配方（质量份）为 PVC 100，硫醇锡 2.2。

表 5-7　几种复杂酯润滑剂的脱模性能

润滑剂用量/份	粘辊时间/min					
	Loxiol G70	Loxiol G71	Loxiol G72	Loxiol G73	E 蜡	硬脂酸钙
0.1	5	5	5	5	5	5
0.2	40	40	15	25	10	15
0.3	70	95	75	70	25	35
0.5	95（降解）	105（降解）	100（降解）	95（降解）	40	55
0.75	105（降解）	105（降解）	100（降解）	95（降解）	95	85
1.0	—	—	—	—	110（降解）	—

注：基础配方（质量份）为 PVC 100，硫醇锡 1.5。

（2）其他应用特性　基于 PVC 制品的多样性，选用润滑剂时不但要关注核心的润滑性能，同时还要考虑其他应用特性。常用单组分 PVC 润滑剂的压析性、制品透明性、热稳定性能、挥发性及配伍性特点概括于表 5-8。

表 5-8　常用单组分 PVC 润滑剂的其他重要应用特性

化合物类型	常用品种	代表性牌号	压析性	制品透明性	热稳定性能	挥发性	配伍性
金属皂	硬脂酸钙 硬脂酸铅	Loxiol EP3500 —	重 中	半透明 不透明	协效热稳定 主效热稳定	极低 极低	— 忌硫醇锡
脂肪酰胺	亚乙基双硬脂酰胺	Advawax 280	轻	良	—	低	—
脂肪醇	硬脂醇	Loxiol G53MY	轻	优	—	高	—
脂肪酸	硬脂酸 12-羟基硬脂酸 褐煤酸	Loxiol G20 Loxiol G21H Licowax S	轻 轻	良 良 良	— —	中 中低 低	忌硫醇锡 忌硫醇锡 忌硫醇锡
氧化聚乙烯蜡（OPE蜡）	低密度 OPE 蜡 高密度 OPE 蜡	A-C629A A-C316A	轻[注] 轻[注]	良 良	— —	极低 极低	

续表

化合物类型		常用品种	代表性牌号	压析性	制品透明性	热稳定性能	挥发性	配伍性
羧酸酯	多元醇单一羧酸酯	单油酸甘油酯	Loxiol G10	极轻	优	—	中低	忌铅盐
		单 12-羟基硬脂酸甘油酯	Loxiol G11	极轻	优	—	中低	忌铅盐
		单硬脂酸甘油酯	Loxiol G12	轻	良	—	中低	忌铅盐
		油酸二甘油醚酯	Loxiol G16	极轻	优	—	中低	忌铅盐
		单和双硬脂酸季戊四醇酯	Loxiol HOB7121	轻	良	—	低	—
		褐煤酸乙二醇酯	Licowax E	轻	良	—	低	—
		褐煤酸甘油酯	Licolub WE4	轻	良	—	低	—
	一元醇单一羧酸酯	硬脂酸异十三醇酯	Loxiol G40	轻	优	—	中低	—
		硬脂酸硬脂醇酯	Loxiol G32	轻	良	—	中低	—
		山嵛酸硬脂醇酯	Loxiol G47	轻	良	—	中低	—
		邻苯二甲酸二硬脂醇酯	Loxiol G60	轻	优	—	中低	—
	多元醇混合羧酸缩聚酯	己二酸-油酸季戊四醇酯	Loxiol G71S	轻	良	—	极低	—
		己二酸-硬脂酸季戊四醇酯	Loxiol G70S	轻	良	—	极低	—
		己二酸-褐煤酸季戊四醇酯	Licolub WE40	轻	良	—	极低	—
聚乙烯蜡(PE 蜡)		低密度 PE 蜡	A-C617A	重	半透明	—	极低	—
		高密度 PE 蜡	Licowax PE190	重	半透明	—	极低	—
石蜡		普通	—	重	半透明	—	中低	—
		微晶	RL-165	重	半透明	—	低	—
		合成(F-T 蜡)	Sasolwax H1	重	半透明	—	极低	—

注：在压延加工中严重。

　　为有利于更好地把握常用单组分 PVC 润滑剂的对制品透明性的影响，表 5-9~表 5-12 补充列出了文献报道的一些相关实验结果[3]。

121

表 5-9　几种常用单组分润滑剂的制品透明性

润滑剂	透光率/%	
	1 份	2 份
硬脂酸丁酯	94	94
单硬脂酸甘油酯	90	95
硬脂酸钙	71	67
硬脂酸	81	62
E 蜡	55	—
聚乙烯蜡	74(0.1 份)	64(0.5 份)

表 5-10　一些常用单组分润滑剂的制品透明性

润滑剂	透明性	
	透光率/%	雾度/%
硬脂醇	84	8
硬脂酸	75	10
12-羟基硬脂酸	81	9
硬脂酸钙	64	42
硬脂酸丁酯	82	8
单硬脂酸甘油酯	82	6
EBS	79	9
S 蜡	77	9
E 蜡	82	6
石蜡	79	10
AC629A	72	15
Paraloid K-175	86	5

表 5-11　复合酯和褐煤酸酯的制品透明性

润滑剂	透光率/%						
	0 份	0.5 份	1.0 份	1.5 份	2.0 份	3.0 份	5.0 份
Loxiol G70/G74	98.4	98.5	92.3	63.4	—	—	—
Loxiol G71	98.4	98.0	92.1	80.6	—	—	—
Loxiol G72	98.4	98.4	98.6	97.2	—	—	—
Loxiol G73	98.4	98.2	96.3		74.8	63.4	—
E 蜡	98.4	97.0	—	57.3	—	—	—
Loxiol G10	98.4	—	—	—	—	98.7	96.4

表 5-12　酯蜡的制品透明性

润滑剂	透光率/%									
	0 份	0.5 份	0.75 份	1.0 份	1.5 份	2.0 份	2.5 份	3.0 份	3.5 份	4.0 份
Loxiol G40	98.4	—	—	—	—	—	—	98.5	90.4	45.6
Loxiol G41	98.4	—	—	—	—	98.8	98.4	73.1	—	—
Loxiol G30	98.4	—	—	—	98.6	96.7	47.5	38.8	—	—
Loxiol G32	98.4	99.3	99.5	99.4	88.5	—	—	—	—	—
Loxiol G47	98.4	99.2	—	97.3	45.7	—	—	—	—	—
山嵛酸山嵛醇酯	98.4	98.9	88.0	—	—	—	—	—	—	—

5.1.3　在各类制品中的一般用法

5.1.3.1　硬质管材

对于以硫醇锡热稳定剂稳定的供水压力管，当用双螺杆挤出机加工时，最普遍采用的润滑剂体系为：

　　　　　硬脂酸钙　　　　0.4～0.8 份
　　　　　石蜡　　　　　　0.8～1.0 份
　　　　　OPE 蜡　　　　0.1～0.2 份

采用该润滑剂体系，配混料塑化快，产出高，并且不会产生难于印刷的表面。由石蜡和氧化聚乙烯蜡提供的较为低能的表面使制品具有良好的耐磨性。

以硫醇锡热稳定剂稳定的供水压力管如果用物料停留较久而产出较低的单螺杆挤出机加工，润滑剂体系通常调整为：

　　　　　硬脂酸钙　　　　0.75～1.5 份
　　　　　石蜡　　　　　　0.5～0.75 份

由于润滑剂总用量较高，无需使用 OPE 蜡。应避免使用过量的外润滑剂，以免发生压析现象。

以铅盐热稳定剂稳定的供水压力管，通常采用以下润滑剂体系：

　　　　　硬脂酸钙　　　　　　　　　　　0.3～0.4 份
　　　　　石蜡或 F-T 蜡　　　　　　　　 0.15～0.3 份
　　　　　硬脂酸铅和二碱式硬脂酸铅混合物　0.8～1.2 份
　　　　　硬脂酸　　　　　　　　　　　　 0.1～0.3 份

其中，硬脂酸铅和二碱式硬脂酸铅混合物兼具热稳定剂的作用。与铅盐热稳定剂配合，该润滑剂体系可产生产出高而挤出机磨损小的效果。

穿线管配方，由于填料填充量大且通常用单螺杆挤出机加工，要使用总量较大的润滑剂体系：

　　　　　硬脂酸钙　　　　1.0～1.5 份

石蜡　　　　　约 1.0 份

硬脂酸钙的用量一般要随填料填充量的增加而增加。在很多情况下，所用填料是用硬脂酸钙预处理的碳酸钙。这时，应考虑这些硬脂酸钙对总体润滑作用的贡献，但不能以为它们会产生热稳定作用。

排水、排污和通风管也是填料填充量较高的管材，它们通常采用以下润滑剂体系：

硬脂酸钙　　　　0.6～0.8 份
石蜡　　　　　　1.2～1.5 份
OPE 蜡　　　　　0.1～0.2 份

该润滑剂体系可使这些管材甚至在因填料量增加而外润滑剂需相应增加时仍保持印刷适性。

泡沫芯管的发展对润滑剂体系提出了新的要求。在发泡层，塑化必须与泡孔的形成同步以便产生均一的闭孔结构。这一要求导致必须使用特定用量的硬脂酸钙和石蜡，并配用加工助剂。泡沫芯管发泡层可采用如下润滑体系并配用 2.0～4.0 份加工助剂：

硬脂酸钙　　　　0.6～0.8 份
石蜡　　　　　　0.8～1.0 份

5.1.3.2　模塑成型制品

模塑成型管件是最大宗的硬质 PVC 注射模塑成型制品，其加工技术对其他模塑成型制品有示范作用。模塑成型管件的加工要求物料具有强的润滑作用以缓解在的挤出机中混合和塑化时的剪切应力，并能流过分流道经浇口充满模腔。不像管材挤出加工，聚合物熔体在离开挤出机后只需对金属表面流动，在注射模塑加工中，聚合物分子必须能连续而自如地相互流动。为此，锡稳定的管件可采用以下基本润滑剂体系：

硬脂酸钙　　　　1.0～1.5 份
石蜡　　　　　　1.0～1.5 份

在有些情况下，也添加不多于 1.5 份的加工助剂。有时，还添加诸如季戊四醇单/双硬脂酸酯的多功能酯润滑剂。模塑制品由于形状复杂要求有强的脱模性，为此可添加 0.1 份 EBS 或约 0.5 份润滑型加工助剂。

铅稳定管件一般使用更高用量的润滑剂，例如将硬脂酸钙增加至 1.5～2.0 份而其他润滑剂保持不变。在有些情况下，硬脂酸钙降低至 0.75～1.0 份，但增加多功能酯润滑剂的用量。选用怎样的润滑剂体系取决于是仅要求物料有较好的流动性，还是既要求有较低的黏度又要求对金属表面有高的流动性。注意确定润滑剂体系不能不考虑模具设计、分流道尺寸、浇口直径以及其他类似的因素的影响。针对同一产品要用不同的配方方案反映加工工艺细节存在很大差异。

5.1.3.3　户外使用挤出制品

户外使用挤出制品（如壁板和窗组件用型材）的加工，除高产出要求相似外其他要求与管材加工有所不同。户外使用挤出制品要求有精确的薄横截面尺寸和优异的表面特性，因此，要求物料具有多功能的润滑性。户外使用条件要求称为贴面的顶层和称为基板的底层具有高耐光性。壁板基板通常采用以下润滑剂体系：

硬脂酸钙	1.0～1.2 份
石蜡	1.0～1.3 份
OPE 蜡	0.1～0.2 份

壁板贴面由于既要求产出高又要求有完美的表面，因此通常要用更高用量的润滑剂并配合使用 0.2～1 份加工助剂：

硬脂酸钙	1.0～1.5 份
石蜡	1.0～1.5 份

对于 PVC 壁板发泡层和发泡片材，由于塑化与泡孔发展要同步限制了润滑剂用量，通常采用以下润滑剂体系并配合使用 4～6 份加工助剂：

硬脂酸钙	0.3～0.5 份
石蜡	0.6～1.0 份

户外使用的窗组件用型材通常采用以下润滑剂体系并配合使用 0.7～1.0 份加工助剂：

硬脂酸钙	0.8～1.2 份
石蜡	0.8～1.2 份
润滑型加工助剂	0～0.2 份

铅稳定产品通常采用以下润滑剂体系：

硬脂酸钙	0.4～0.8 份
硬脂醇	0.2～0.5 份
OP 蜡	0.4～0.75 份

硬脂醇用于改进铅盐热稳定剂的流动性。为提高物料的热稳定性，可用硬脂酸钡/镉混合物代替硬脂酸钙。引进硬脂酸镉还可减轻硫化污染。

5.1.3.4　硬膜和硬片

锡稳定的可印刷着色硬质薄膜和片材一般采用以下润滑剂体系：

硬脂酸钙	0.5～1.0 份
OPE 蜡/EBS	0.1～0.3 份/0.1 份
E 蜡/12-羟基硬脂酸酯	0.3～0.5 份

这样的润滑剂体系可以抵抗在压延机辊筒上产生压析，并且不干扰印刷

和装饰。一般而言，耐压析与印刷适性是相关的。硬脂酸和石蜡应避免使用。不打算印刷或装饰的硬质和半硬质片材可采用上述用于壁板的润滑剂体系。

透明硬质薄膜和片材主要使用以酯类润滑剂为基础的润滑剂体系。

当需要作印刷或装饰时，可使用 0.1～0.3 份 OPE 蜡作为外润滑剂，而如果要求具有爽滑特性，可添加 0.1 份 EBS。润滑剂体系的其余部分一般使用前面已经提到的酯类润滑剂或 GMS，在挤出片材中，用量为 0.3～0.5 份。对于透明性要求特别高的制品，GMS 通常用双油酸甘油酯或己二酸油酸季戊四醇酯代替。这些润滑剂可以避免由饱和烷基的侧链结晶引起的轻微雾度。然而，不饱和酯（如油酸酯）通常会损害物料的热稳定性。好在硫醇锡热稳定剂可以弥补这一缺陷。诸如石蜡和 PE 蜡这样的半结晶外润滑剂当痕量（<0.1 份）使用时不会造成明显的雾度，不过对于透明硬质薄膜和片材意义不大。

透明硬片也可采用以下润滑剂体系并配合使用 1.5～2.0 份加工助剂：

润滑型加工助剂　　　0.4～1.0 份
酯类润滑剂　　　　　1.2～1.5 份

5.1.3.5　硬瓶

透明硬质 PVC 容器通常使用锡热稳定剂。在它们的加工中，物料要经受粒料混合和注射模塑两个高剪切过程。为此，透明硬质 PVC 容器一般采用以下润滑剂体系：

GMS 和 E 蜡混合物　　0.7～1.0 份
OPE 蜡　　　　　　　0.1～0.3 份

对于透明性要求特别高的制品，GMS 和 E 蜡混合物可用价格略高的12-羟基硬脂酸酯和己二酸油酸季戊四醇酯代替。

半透明和不透明容器通常使用 1.0～1.5 份无毒的粉状钙/锌复合热稳定剂。在这种情况下，由于热稳定剂也是有效的润滑剂，因此，通常只要补加 0.1～0.3 份 OPE 蜡和 0.5～1.0 份 GMS 或 GMS 和 E 蜡混合物即可满足加工需要。

5.1.3.6　软膜和软片

软质 PVC 薄膜和片材现在一般使用 2～3 份液体钡/锌或液体钙/锌热稳定剂。这些热稳定剂和 20～60 份的增塑剂已构成多功能润滑剂体系。为此，只需补加 0.1～0.3 份硬脂酸即可满足加工需要。在有些情况下，液体热稳定剂会并用混合金属硬脂酸或月桂酸盐作为增效剂。这时，不需补加其他润滑剂。对于有爽滑性要求的情况，通常添加 0.3～0.8 份 EBS。当使用未处理的碳酸钙作为填料时，通常要添加硬脂酸钙，用量一般为每 25 份填料约0.5 份。作为软质 PVC 中最常用的润滑剂，硬脂酸必须非常小心使用以免造成压析或干扰印刷、磨光或热封操作。为此，最好使用 12-羟基硬脂酸。

锡稳定半硬质片材一般参照硬制品处理，可采用以下润滑剂体系：

硬脂酸钙　　　　　　0.3～0.5 份

石蜡和 OPE 蜡　　　0.75～1.0 份

当使用由粉状混合金属热稳定剂分散于环氧大豆油的膏状热稳定剂时，不需另加其他润滑剂。

5.1.3.7　电线和电缆包覆材料

铅稳定电线包覆材料一般使用 0.2～0.5 份硬脂酸来提高热稳定剂的流动性。如果热稳定剂本身是可溶的，例如硬脂酸钡/铅混合物，添加硬脂酸就没有必要。在使用钡/锌或钙/锌热稳定剂时配合使用 0.25 份硬脂酸的惯例看来可能也是不必要的。

对于材料成本是决定性因素的情形（如建筑用电线和汽车初级电线），对硬脂酸的依赖将会继续。然而，对于通讯电线，必须使用诸如单和双硬脂酸季戊四醇酯这样的多功能润滑剂才能保持高外观标准。单用量为 0.2～0.5 份时，可高速挤出复杂彩色条纹电线而不产生使用硬脂酸时会出现的口模压析或渗出。对于铅稳定的软质制品，一般要避免使用甘油酯（如 GMS），因为热稳定剂会促使其脱水产生导致变色的不饱和残留物。而季戊四醇基单酯和双酯在正常条件下不会发生脱水，因为在 C—OH 基团的邻位碳原子上没有氢原子。

5.1.4　应用配方示例

由于与 PVC 制品加工生产相关的因素太多，具体适用的 PVC 润滑剂体系必须通过在特定条件下的直接调试才能确定，并且基本上是专用的。不过由前述讨论也可以注意到，适用于不同类型 PVC 制品加工的润滑剂体系结构应该是相似的，因此有相互借鉴的价值。表 5-13 和表 5-14 分别列出了一些以硫醇锡和铅盐为热稳定剂的适用于主要类型硬质 PVC 制品加工的典型润滑剂体系[17]，供制定具体适用润滑剂体系时参考。

表 5-13　以有机锡为热稳定剂的典型硬质 PVC 制品配方和润滑剂体系

制品类型	配方			制品类型	配方		
	组分	用量/份	润滑剂		组分	用量/份	润滑剂
供水压力管（双螺杆）	PVC(K 值 66～68)	100		排水、排污、通风管（双螺杆）	PVC(K 值 66～68)	100	
	硫醇锡热稳定剂	0.5			硫醇锡热稳定剂	0.4	
	硬脂酸钙	0.6	√		冲击改性剂	2	
	石蜡($T_m=74℃$)	1.1	√		硬脂酸钙	0.6	√
	OPE 蜡	0.15	√		石蜡($T_m=74℃$)	1.1	√
	钛白粉	1			OPE 蜡	0.15	√
	碳酸钙（未处理）	3			钛白粉	1	
					碳酸钙（未处理）	5	

续表

制品类型	配方			制品类型	配方		
	组分	用量/份	润滑剂		组分	用量/份	润滑剂
管件	PVC(K 值 57～61)	100		窗户型材 (双螺杆)	PVC(K 值 66～68)	100	
	硫醇锡热稳定剂	1.8			硫醇锡热稳定剂	1	
	冲击改性剂	3			冲击改性剂	6	
	加工助剂	1			加工助剂	1	
	润滑型加工助剂	0.5	√		硬脂酸钙	0.5	√
	硬脂酸钙	0.5	√		金属皂	1.5	√
	石蜡($T_m=74℃$)	0.5	√		石蜡($T_m=74℃$)	1.2	√
	钛白粉	2			OPE 蜡	0.2	√
					脂肪酸酯	0.5	√
					钛白粉	9	
					碳酸钙(处理过)	2	
壁板基板 (双螺杆)	PVC(K 值 66～68)	100		壁板贴面 (双螺杆)	PVC(K 值 66～68)	100	
	硫醇锡热稳定剂	1			硫醇锡热稳定剂	1.5	
	冲击改性剂	4			冲击改性剂	4	
	加工助剂	1			加工助剂	1	
	硬脂酸钙	1	√		硬脂酸钙	1	√
	石蜡($T_m=74℃$)	1.2	√		石蜡($T_m=74℃$)	1.2	√
	OPE 蜡	0.2	√		OPE 蜡	0.2	√
	钛白粉	1			钛白粉	10	
	碳酸钙(处理过)	15			碳酸钙(处理过)	2	
透明硬板 (双螺杆)	PVC(K 值 66～68)	100		不透明 挤出硬片	PVC(K 值 66～68)	100	
	硫醇锡热稳定剂	2.5			硫醇锡热稳定剂	0.4	
	加工助剂	2			冲击改性剂	2	
	Loxiol G60	1	√		硬脂酸钙	0.8	√
	Loxiol G40	1	√		石蜡($T_m=74℃$)	1.2	√
	Loxiol G70S	0.2	√		OPE 蜡	0.15	√
	蓝色颜料	适量			钛白粉	1	
					碳酸钙(处理过)	25	
透明硬片	PVC(K 值 60)	100		透明硬瓶	PVC(K 值 58)	100	
	硫醇锡热稳定剂	1.5			硫醇锡热稳定剂	2	
	加工助剂	0.5			冲击改性剂	12	
	润滑型加工助剂	1	√		加工助剂	2	
	E 蜡	0.3	√		润滑型加工助剂	1	√
	GMS	1	√		E 蜡	0.2	√
					GMS	0.5	√

表 5-14　以铅盐为热稳定剂的典型硬质 PVC 制品配方和润滑剂体系

制品类型	组分	用量/份	润滑剂	制品类型	组分	用量/份	润滑剂
供水压力管（双螺杆）	PVC(SG5)	100		水管（双螺杆）	PVC(SG5)	100	
	三碱式硫酸铅	1.2			三碱式硫酸铅	3	
	二碱式硬脂酸铅	1	√		二碱式亚磷酸铅	0.5	
	硬脂酸铅	0.5	√		硬脂酸钡	0.8	√
	硬脂酸钙	0.5	√		硬脂酸钙	0.5	√
	硬脂酸	0.25	√		硬脂酸	0.4	√
	石蜡	0.15	√		石蜡	0.8	√
	钛白粉	1			钛白粉	2	
	碳酸钙(未处理)	3			碳酸钙(处理过)	30	
管件	PVC(SG7)	100		窗户型材（双螺杆）	PVC(K 值 66~68)	100	
	三碱式硫酸铅	3			三碱式硫酸铅	2	
	二碱式亚磷酸铅	2			二碱式亚磷酸铅	1.5	
	氯化聚乙烯	7			氯化聚乙烯	9	
	硬脂酸钙	1.2	√		加工助剂	1	
	硬脂酸	0.2	√		硬脂酸铅	0.6	√
	石蜡	0.5	√		硬脂酸钡	0.8	√
硬板（单螺杆）	PVC(K 值 60~70)	100		户型材（双螺杆）	硬脂酸钙	0.6	√
	三碱式硫酸铅	4.5			硬脂酸	0.3	√
	二碱式亚磷酸铅	1.5			石蜡	0.6	√
	加工助剂	1			PE 蜡	0.1	√
	硬脂酸铅	0.5	√		钛白粉	4	
	硬脂酸钡	1.2	√		碳酸钙	4	
	硬脂酸钙	0.8	√		荧光增白剂	0.03	
	碳酸钙	5					
低发泡板	PVC(K 值 58~62)	100		不透明硬片（双螺杆）	PVC(K 值 58~62)	100	
	三碱式硫酸铅	3			三碱式硫酸铅	4.5	
	冲击改性剂	4			冲击改性剂	5	
	加工助剂	5			加工助剂	2	
	二碱式硬脂酸铅	0.25	√		二碱式硬脂酸铅	0.25	√
	硬脂酸铅	0.3	√		硬脂酸钙	0.5	√
	硬脂酸钙	0.4	√		石蜡($T_m=74℃$)	0.5	√
	石蜡	0.5	√		OPE 蜡	0.25	√
	硬脂酸	0.3	√		酯蜡	2	√
	环氧大豆油	1.5	√		钛白粉	2	
	AC 发泡剂	0.5			碳酸钙	10	
	钛白粉	2					
	碳酸钙	5					

5.2 复合润滑剂

由前述讨论可以看到，与热稳定剂一样，现已开发的单组分 PVC 润滑剂虽品种不少，但直到目前尚没有任何一种单组分润滑剂能单独满足实际 PVC 加工要求。因此，实际使用的 PVC 润滑剂都是基于互补-协同作用原理设计开发的复合体系。复合润滑剂就是经过优化设计并预先通过适当工艺加工成环保性好、物理形态（液体、片状、粒状、湿润粉状或糊状等）便于使用而性价比较高的多组分润滑剂体系[2]。

与复合热稳定剂[18]相似，复合润滑剂也具有以下基本优点[19,20]。

（1）较平衡的性能、较高的性价比、较好的环保-卫生性。

（2）使用方便，有利于减轻操作人员的劳动强度，并提高加工生产效率。

（3）有利于避免计量出错，不但可减少浪费，同时也间接地提高了生产效率。

5.2.1 主要类型与基本特点

5.2.1.1 烃类复合润滑剂

这是由具有不同碳链长度、不同碳链结构的烃蜡组分按一定比例复合而成的复合润滑剂，其特点是比单一烃蜡具有更平衡的内、外和初、中、后期润滑作用。这类复合润滑剂的典型品种如 Honeywell 公司的由不同烃蜡和氧化聚乙烯蜡形成的 Smart-Lub 系列产品。

5.2.1.2 烃基复合润滑剂

这是由作为主体的烃类润滑剂与一定比例其他类型润滑剂（如金属皂等）复配而成的复合润滑剂，如 Honeywell 公司的 Rheolub RL-1800。Rheolub RL-1800 是通过在熔融烃蜡中原位生成硬脂酸钙形成的，可以解决烃类润滑剂和硬脂酸钙的普通机械化合物在 PVC 加工过程因产生胶凝作用而导致黏度大幅度增大的问题。

5.2.1.3 酯类复合润滑剂

这是由具有不同结构的单组分酯润滑剂按一定比例复配而成的复合润滑剂，具有比单一单组分酯润滑剂更平衡的润滑性能。这类复合润滑剂的典型品种如 Loxiol GH 系列产品（原属 Henkel 公司，现归入 Emery 公司）和 Honeywell 公司 Rheolub RL-700/800 系列产品。

5.2.1.4 酯基复合润滑剂

这是由作为主体的酯类润滑剂与一定比例其他类型润滑剂（如金属皂

等）复配形成的复合润滑剂，典型的品种如 Licowax OP（原属 Hoechst 公司，现归入 Clariant 公司）和 Loxiol GS 和 G78 系列产品（原属 Henkel 公司，现归入 Emery 公司）等。Licowax OP 为用氢氧化钙部分皂化褐煤酸丁二醇酯（Licowax E）所得的产品；Loxiol GS 为含钙皂的简单酯润滑剂，Loxiol G78 为含钙皂的复杂酯润滑剂。酯-金属皂复合润滑剂也可以解决酯类润滑剂和金属皂的普通机械化合物在 PVC 加工过程因产生胶凝作用而导致黏度大幅度增大的问题。

5.2.1.5　完整复合润滑剂

这是为特定的应用对象设计的包含全部润滑剂组分的复合润滑剂，典型的完整复合润滑剂如 Honeywell 公司 Smart-Pak 和 HPL 系列产品。根据 Honeywell 公司介绍，Smart-Pak 系列产品具有以下优点。

① 提高了批次一致性，减少了生产线的调整和废品率。

② 提高了配混料流动性和塑化特性、熔体流动性和脱模性的一致性，从而提高了生产速率和制品形状及尺寸的稳定性。

③ 降低了挤出机的电流，节约了能源，提高了生产效率。

④ 优化了熔体温度，改善了表面外观，减少了由于螺杆纹而引起的管壁波浪线的发生。

HPL 系列产品的优点更突出[21]。

① 可大幅提高产出率、以最高效率运行挤出设备、降低 PVC 熔体温度、减少烧焦和变色、减少析出、降低停机维护频率、降低动力消耗、降低废品率、降低运营成本，提高收益、提高光泽度、改善热稳定性和产品批次稳定性。

② 由于加工窗口宽，可适用于各种剪切类型、磨损状况、使用年限的不同机型设备，也适用于不同改性剂（如 MBS、ACR、CPE）体系和不同添加量填料情况。

5.2.1.6　复合润滑-热稳定剂

这是同时含有润滑剂和热稳定剂组分因而兼具润滑和热稳定功能的复合助剂体系，通常简称为"复合热稳定剂或一包化热稳定剂"。复合润滑-热稳定剂均为针对特定应用对象开发的专用化产品，品种复杂，通常按主效热稳定剂分类，主要有铅基、镉基、锌基、有机锡基、锑基和有机基复合热稳定剂等类型。关于复合热稳定剂及其应用，详见化学工业出版社出版的《PVC 热稳定剂及其应用技术》[18]。

5.2.2　代表性品种的外观和理化性质

代表性复合润滑剂的外观和重要理化性质[13~15]见表 5-15。

表 5-15　代表性复合润滑剂的外观和重要理化性质

类型	代表性品种	外观	熔(滴)点/℃	密度/g·cm⁻³	黏度(99℃)/mm²·s⁻¹	酸值(皂化值)/mgKOH·g⁻¹	Ca含量/%
烃类	Smart-Lub 315	浅黄色	74	0.91	12.5	1.6	—
	Smart-Lub 410	浅黄色	73	0.91	13	1.5	—
	Smart-Lub 517	浅黄色	104	0.92	60	2.5	—
烃基	Rheolub RL-1800	浅黄色	—	0.95	200(116℃)	2.5	
酯类	Loxiol GH 4	浅黄色	77～82	—		0～3(166～176)	
	Rheolub RL-710	浅黄色	54	0.88	50	1.6	
	Rheolub RL-830	浅黄色	57	0.88	8	1.5	
酯基	Licowax OP	黄色	约99	1.02	300mPa·s(120℃)	～12	
	Loxiol GS 1	浅黄色	95～103	—	—	0～2	0.6～0.8
	Loxiol GS 891	浅黄色	95～101	—	—	28～35	3.1～3.5
	Loxiol G78	浅黄色	105～115	—	—	0～12	1.4～1.6
完整	Smart-Pak MLP-1880	浅黄色	85～100	0.96	65	12	—
	Smart-Pak TLP-2030	浅黄色	85～100	0.93	30	10	—
	Smart-Pak TLP-2620	浅黄色	85～100	0.93	70	9	—
	Smart-Pak FLP-3540	浅黄色	85～100	0.95	110	19	—
	HPL-6078	浅黄色	70～90	0.93	35-45	2.0～3.0	
	HPL-6079	浅黄色	70～90	0.93	20-30	1.5～2.5	
	HPL-6050	浅黄色	70～90	0.93	30-40	6.0～8.0	
	HPL-6273	浅黄色	70～90	0.93	18-25	2.5～4.5	

参 考 文 献

[1] 威尔克斯 C E，萨默斯 J W，丹尼尔斯 C A．聚氯乙烯手册．乔辉，丁筠，盛平厚等译．北京：化学工业出版社，2008.110-112.

[2] 山西省化工研究所．塑料橡胶加工助剂．第二版．北京：化学工业出版社，2002.467-481.

[3] Lindner R A，Worschech K．"Lubricants for PVC"，in. Encyclopedia of PVC，2ⁿᵈ ed，Nass L I，Heiberger C A，editors. New York：Maecel Dekker，1988，Vol 2. 263-290.

[4] Grossman R F. Handbook of vinyl formulating，2ⁿᵈ 的 d. Hoboken：John Wiley & Sons，2008. 327-349.

[5] 王福海，陈溥，潘熊祥等．硬脂酸及脂肪酸衍生物生产工艺．北京：中国轻工业出版社，1991. 1-30.

[6] 张声俊，刘吉平，阚美秀等．褐煤蜡的工业制备及精制技术．化工进展，2011，30（增刊）：509-513.

[7] 吴茂英．PVC热稳定剂及其应用技术．北京：化学工业出版社，2010.

[8] 王克智．PVC加工用酯类润滑剂的开发和应用．塑料工业，1993，(1)：49-53.

[9] 张建雨，朱丽实，徐建航．石油蜡（1）——石油蜡的分类、性质和用途．炼油设计，1999，29（1）：53-57.

[10] 双玥．高熔点费托合成蜡的应用及发展趋势．化学工业，2012，30（10）：11-15.

[11] 蔡智敏．聚乙烯蜡在塑料加工中的应用．当代化工，2013，42（1）：86-94.

［12］ Girois S，Disson J P，Latil L. Innovation in antisticking process aids for PVC. Plast Rubb Compos，2005，34（3）：127-133.

［13］ Emery Oleochemicals 公司产品说明书.

［14］ Clariant 公司产品说明书.

［15］ Honeywell 公司产品说明书.

［16］ Sasol 公司产品说明书.

［17］ 林师沛. 聚氯乙烯塑料配方设计手册. 北京：化学工业出版社，2002.

［18］ 吴茂英. PVC 热稳定剂及其应用技术. 北京：化学工业出版社，2010.98-101.

［19］ Holsopple P S. The advantages of one pack additive packages in PVC processing. J Vinyl Technol，1993，15（1）：2-8.

［20］ Holmes M. One-pack systems continue to gain market share. Plast Addit Comp，1999，1（1）：26-28.

［21］ Spiekermann R. New lubricants offer higher efficiency in PVC extrusion. Plast Addit Comp，2008，10（5）：26-31.

第6章
PVC 润滑剂应用配方优化技术

6.1 润滑平衡对 PVC 加工的重要性

第 2 章已介绍了 PVC 润滑平衡的概念并初步说明了润滑平衡对 PVC 加工的特殊重要性，这里尝试作进一步的阐明。

按照 Pedersen[1] 的说法，配混料的适当润滑作用对于硬质 PVC 挤出工厂的成功运作至关重要。加工硬质 PVC 时，首先要选择 PVC 树脂、热稳定剂体系和其他必需的组分。这些组分经适当的混合和加工，应能得到质量和经济性达到要求的最终制品。接下来要做的就是，寻找一个合适的润滑剂体系使已选好的物料能用所拥有的设备进行有效的加工。如图 6-1 所示，润滑剂是硬质 PVC 产品工艺参数三角形的重要一边。

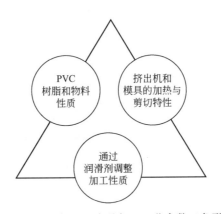

图 6-1　硬质 PVC 产品加工工艺参数三角形

为特定的 PVC 配混料和设备寻找合适的润滑剂体系要花费大量的时间。润滑剂是任何硬质 PVC 配方的关键组分。一般来说，当生产效率要求提高和试图降低配方的原材料成本时，平衡良好的润滑剂体系就会显得更为重要。

有些 PVC 制品，如硬质透明片、膜和瓶，要在相对较高的温度下加工，因此塑化非常充分。但另外一些 PVC 产品，也许主要是挤出和注射模塑不透明硬质 PVC 制品，通常在较低的温度下加工。包括管材、壁板和门窗型材的这些产品就并不总是需要塑化得那么好，因此保留了较多的树脂粒子特性。正如在第 2 章已经提到的，对于有些制品，最佳平衡的物理性质只有在中等塑化度时才能达到。虽然对于许多产品，只要塑化度不要超出一定范围，其质量就可以达到要求，但是最佳的产品质量要在一个最佳的塑化度才能实现。也正如在第 2 章已经提到的，PVC 的塑化度可通过调整优化润滑剂体系来控制。润滑剂体系调整优化的重要性还在于，在 PVC 行业，可供选用的材料和加工设备范围太宽，而硬质 PVC 是既难于加工又对加工过程敏感的材料。在一些配方的加工中，只要润滑平衡发生轻微的变化，就会对最终产品的生产效率和质量产生戏剧性的影响。

以硬质 PVC 管挤出为例，一个平衡的润滑剂体系可使挤出机载荷适当、产量高、制品尺寸控制好、最终制品物理性质优良。相反，不平衡的润滑剂体系会导致挤出机载荷和机筒温度或太低或太高、产量低、制品表面粗糙、冲击强度低、管壁撕裂或有空隙，制品尺寸控制也差。总之，润滑平衡不好是生产经理的噩梦。

表 6-1 概述了用一种含硬脂酸钙的专用合成润滑剂代替常规硬脂酸钙所观察到的改进。

表 6-1　常规硬脂酸钙与一种含硬脂酸钙专用合成润滑剂（Rheolub RL-1800）性能比较

润滑剂		用量/份	
		配方 A	配方 B
石蜡（熔点 74℃）		1.20	1.00
硬脂酸钙		0.6	—
Rheolub RL-1800		—	0.75
氧化聚乙烯蜡		0.15	0.15
性能		参数	
螺杆转速/(r/min)	上	2175	2225
	下	2800	2750
电机电流/A	上	54	53.5
	下	72	69
产量/kg·h⁻¹		221	246
管壁厚度/cm		0.612～0.660	0.612～0.648
外观		良	优

这一例子体现了在硬质 PVC 挤出加工中润滑剂特性微细调整可能带来改进的程度。

怀特[2]通过在布拉本德转矩流变仪上配装一台小型挤出机比较研究了润滑不足、润滑平衡、润滑过度的硬质 PVC 配方（见表 6-2）的物料加工性质和挤出物品质。

表 6-2　润滑不足、润滑平衡、润滑过度的硬质 PVC 配方

组分	用量/份		
	润滑不足配方 A	润滑平衡配方 B	润滑过度配方 C
PVC 树脂	97	97	97
加工助剂	3	3	3
碳酸钙	2	2	2
三碱式硫酸钙	3	3	3
Plastiflow LPC（铅钙复合热稳定剂兼润滑剂）	0.5	1.0	1.0
Lanco 2770（微晶蜡）	0.2	0.4	0.8
硬脂酸	0.1	0.1	0.1

表 6-3 列出了在不同剪切力和喂料段温度条件下进行试验得到的结果。

表 6-3　润滑不足、润滑平衡、润滑过度的硬质 PVC 配方的物料加工性能和挤出物外观

观测项目	喂料段温度/℃	剪切力条件					
		低剪切力（口模内径 0.635cm，螺杆转速 50r/min）			高剪切力（口模内径 0.159cm，螺杆转速 100r/min）		
		润滑不足配方 A	润滑平衡配方 B	润滑过度配方 C	润滑不足配方 A	润滑平衡配方 B	润滑过度配方 C
口模压力 /kPa	150	1.3	1.0	0.17	2.7	2.4	2.4
	175	1.3	0.83	0.17	2.9	2.5	1.9
	200	已降解	0.45	0.10	已降解	2.3	1.7
	215	—	0.14	<0.014	—	2.2	1.1
转矩 /mN·m	150	6.8	5.4	2.2	7.8	6.7	4.0
	175	6.4	4.6	2.2	7.6	6.4	4.0
	200	已降解	3.3	1.7	已降解	5.8	3.1
	215	—	2.2	1.2.	—	4.9	2.3
挤出物外观	150	良	优	极差	差	良	差
	175	差	优	差	差	良	差
	200	已降解	优	差	已降解	良	中
	215	—	优	差	—	良	中

注：1. 螺杆：单级，三段，压缩比 3:1。

2. 温度分布：喂料段见表，压缩段 190℃，计量段 195℃，口模 195℃。

由试验结果可见，润滑不足配方的口模压力和转矩较高且热稳定性差、挤出物外观也不好（表面粗糙），润滑过度配方虽口模压力和转矩较低也无热稳定性问题但挤出物外观很差（压析严重所致），而润滑平衡配方的口模

压力和转矩适中、热稳定性好、挤出物外观优良。

由这一试验结果可以清楚看到，润滑平衡，即恰到好处的润滑对于硬质PVC挤出加工的重要性。

6.2　一些经验案例介绍

6.2.1　硬质PVC管材润滑剂体系的优化

Ditto[3]曾撰文介绍了在几乎没有研究润滑剂特性所需实验室仪器的发展中国家，直接在生产设备上调试硬质PVC（UPVC）管材挤出加工的润滑剂体系的经验。

6.2.1.1　目的和意义

在UPVC配混料挤出加工中，必须特别关注产量、扭矩、推力、能耗，在多螺杆机的情况下，还要注意螺杆和机筒磨损，而所有这些都在相当大程度上受到所用润滑剂体系的影响。要以最小的能耗高速生产高质量管材必须完全控制物料的塑化速率并使塑化按规则的方式进行，那就是说，离开口模的熔体已理想塑化而在喂料段至口模出口之间的物料塑化度尽可能小。要长时间运行，也需要调节热熔体对热金属表面的黏附，以避免其在挤出机的出口端或在口模中烧焦。要减慢螺杆和机筒磨损，要避免物料在小段螺杆上塑化过快而在其他地方又塑化太慢。调试优化润滑剂体系可以达到这些效果。当然，优化润滑剂体系还可以避免管材或因物料塑化太快导致孔内波纹加大，或因物料塑化太慢导致质脆和出现分流痕。

6.2.1.2　锡稳定UPVC管材

在表6-4中，A是用于单螺杆机器的典型锡稳定配方，另外两个配方（B，C）是双螺杆机器用的。这些配方是早年螺杆转速较低的机器用的，起促进塑化作用的组分配比相对较高，仅供参考。

表6-4　典型锡稳定UPVC管材配方

组分	用量/份				
	配方 A	配方 AA	配方 B	配方 C	配方 CC
PVC	100	100	100	100	100
锡热稳定剂	1.2	1.2	0.4	0.4	0.4
碳酸钙	—	—	3.0	2.0	2.0
二氧化钛	1.0	1.0	1.0	1.0	1.0
加工助剂	0.5	2	0.5	1.0	1.0
硬脂酸钙	1.5	1.8	0.6	0.8	1.0
石蜡	1.0	1.0	1.0	1.0	1.0
聚乙烯蜡	0.1	0.1	0.2	0.1	0.1
硬脂酸镁	0.25	0.25	—	—	—

由表 6-4 可见，与单螺杆机相比，双螺杆机可用较少的锡热稳定剂和硬脂酸钙。

案例一：在一个加工厂，用单螺杆机按除硬脂酸钙为 1.8 份和加工助剂为 2 份外其他与配方 A 大体相似的配方 AA 挤出白色管。所生产出来的管经常通不过低温冲击测试。相伴随的现象是：

① 通不过冲击测试的那些管一般在外表有灰色条纹，说明物料没有达到最佳塑化；

② 产生条纹和冲击强度达不到要求，一般与使用一批新的有时来源于不同供应商而有时来源于同一供应商的硬脂酸钙相联系。

已经查明，硬脂酸钙质量波动是导致产生条纹和冲击强度达不到要求的主要原因，因为不同批次的硬脂酸钙促进塑化的性能有所不同。但是，硬脂酸钙用量出现偏差也可能是原因之一，因为每次随意多加一点点硬脂酸钙，上述问题就会出现。由于硬脂酸钙用量出现偏差造成的问题当然可以通过消除这一偏差解决。当问题是硬脂酸钙质量波动所致时，调整硬脂酸钙用量可能也是有效的。例如，当发现新批次的硬脂酸钙导致熔体温度升高时，适当略微调低其用量即可解决问题。

案例二：在同一家管材加工厂，手上的加工助剂已经用完而两个月内新货不能到达。这当然给单螺杆机的运行造成严重的问题。为此，尝试用 2 份具有一定加工助剂特性的 MBS 冲击改性剂替代 2 份加工助剂。但是不能解决问题，产品仍然存在条纹、冲击强度也达不到要求。因此，又尝试将硬脂酸钙从 1.8 份增加到 2.0 份，结果条纹消失、冲击强度达到要求。

在上述两个案例中，增加的硬脂酸钙明显表现促进塑化的作用。

案例三：在这个案例中，管材用剪切作用比如今的机器要小的双螺杆机按配方 C 生产。这是为什么硬脂酸钙和加工助剂的用量比配方 B 要高的原因。当使用压缩比偏低的口模时，无法给管制作承接口，因为它会在分流痕裂开。导致这样结果的原因是熔体塑化不够。而试验表明调整挤出机条件无济于事。为此，不得不调整配方以促进塑化和改进熔体。首先，试验了把加工助剂增加到 2 份。奇怪的是，熔体似乎变得更差。因此，加工助剂被降回 1 份，而硬脂酸钙从 0.8 份增加到 1.0 份，如配方 C。结果，熔体质量明显改进，管子可以制作承接口。

显然，在这里增加的硬脂酸钙也起促进塑化的作用。

案例四：这是一个用磨损严重的双螺杆机挤管的案例。在挤出机的最后区域，螺齿顶端与机筒间的间隙大约为 3.2mm。挤出出现了严重问题：

① 由于在磨损的螺齿顶端背流太强，甚至在低螺杆转速时，熔体温度也太高了，可升至 220℃；

② 因为螺齿的擦拭作用太小，未分散的颜料附着在机筒壁上。这些附着物会不定期脱落并以团块存在于熔体中。

在这种情况下，无法生产出可销售的管材。为此，按表 6-5 对润滑剂体系作调试。配方的其余部分与标准配方相近，除了因为异常的高熔体温度不得不提高锡热稳定剂的用量外。

表 6-5　润滑剂体系调整

润滑剂	用量/份		
	配方 A	配方 B	配方 C
硬脂酸钙	1.5	1.5	1.5
蜡(熔点 82℃)	0.6	0.6	0.8
硬脂酸	0.4	0.4	—
部分氧化聚乙烯蜡(POPE 蜡)	—	0.1	0.1

试验结果如下。

① 用润滑剂体系 A 时问题更为严重。

② 添加 0.1 份 POPE 蜡（如润滑剂体系 B）可完全消除未分散颜料团块。这表明，在出口区物料复合物和添加剂能更好地从热的机筒壁脱离。然而，管子出现"橘子皮"表面。

③ 硬脂酸在铅稳定体系是个有用的润滑剂，但在锡稳定体系，通常比不用更差。为此。如润滑剂体系 C，在配方中拿掉硬脂酸而增加 82℃ 蜡。结果是，虽然熔体温度仍然异常的高，但"橘子皮"消失，可以生产出平滑、光洁的管子。

仅仅 0.1 份的 POPE 蜡就能有效地解决如此棘手的问题，其效能可谓戏剧性。实际上，没有 POPE，磨损的挤出机无法运行。有意义的还有，POPE 蜡在不正常的高熔体温度下的有益效果甚至比在正常温度下还明显。

案例五：石蜡的组成和熔点影响其延迟塑化的性能。表 6-6 中的配方 D 是一种新挤出机的供应商所推荐的，配方 E 是最后采用的。

表 6-6　双螺杆挤出锡稳定 UPVC 管材配方

组分	用量/份	
	配方 D	配方 E
PVC	100	100
锡热稳定剂	1.0	1.0
二氧化钛	1.0	1.0
加工助剂	1.5	1.5
硬脂酸钙	0.8	1.0
蜡	1.2(熔点 74℃)	0.8(熔点 82℃)
部分氧化聚乙烯蜡(POPE 蜡)	0.1	0.1

简单地用 1.2 份熔点为 82℃ 而组成未知的石蜡代替 74℃ 石蜡，会导致管子因为在分流痕裂开而无法制作承接口。由此看来，82℃ 蜡推迟塑化效果比 74℃ 石蜡更好，配方必须作相应调整。试验表明，将 82℃ 蜡从 1.2 份降低至 0.8 份而硬脂酸钙提高到 1.0 份，熔体塑化度恰当，管子可以制作承接口。

6.2.1.3　铅稳定 UPVC 管材

表 6-7 所列是欧洲和一些东方国家所采用的压力管配方。在这些地区，除了必须满足英国标准，一般不使用二氧化钛，通常也不必使用加工助剂。

表 6-7　多螺杆挤出铅稳定 UPVC 压力管配方

润滑剂	用量/份	润滑剂	用量/份
PVC	100	硬脂酸	0.3
三碱式硫酸铅	0.8	蜡(熔点 100℃)	0.2
二碱式硬脂酸铅	0.5	硬脂酸钙	0.4
中性硬脂酸铅	0.3	碳酸钙	1.0

在锡稳定配方中，石蜡是"唯一"起延迟塑化作用的组分。但是，在铅稳定配方中，似乎有几个组分具有这样的功能。根据经验，在铅稳定配方的润滑剂体系中，能不同程度发挥延迟塑化作用的组分包括：硬脂酸、中性硬脂酸铅、100℃熔点蜡和二碱式硬脂酸铅，而硬脂酸钙是唯一促进塑化的组分。

二碱式硬脂酸铅似乎应该是中性的，因为它直到 280℃ 分解也不熔融。除了作为一种热稳定剂外，它可能应该被当作一种"固相"润滑剂。它也应该对热熔体/热金属滑移作用没什么贡献。在这一方面，蜡和中性硬脂酸铅应该有一些效果。硬脂酸也许是在喂料段延迟塑化效果最好的组分，这可能是因为其熔点较低，只有 55℃。也就是说，它主要在早期起作用。

当管材的挤出加工因物料塑化不当而不能正常进行时，可以依据上述经验对润滑剂体系进行调整以实现生产的正常化。

6.2.1.4　小结

经验表明，如果对 UPVC 物料中润滑剂影响塑化的功能有清晰理解，那么，当碰到熔体质量出现问题时就容易就如何调整作出敏捷反应，而在有条件对润滑剂性能进行广泛实验室研究的情况下，一般可以避免生产设备长期停机。对于 UPVC 管材加工生产部门的技术人员，应该不断提升水平以便能对塑化延迟/促进平衡进行现场调整。

6.2.2　硬质 PVC 型材润滑剂体系的优化

最近，杨忠久[4] 撰文介绍了关于有机锡稳定型材挤出塑化、润滑平衡优化与析出调整的经验。

6.2.2.1　目的和意义

当前，复合铅热稳定剂中都已复配润滑剂，使用时一般不用另行添加或只需添加少量润滑剂，就可以实现润滑平衡。有机锡热稳定剂一般无润滑性能，所以使用时还要自行制定配套润滑剂体系，并针对特定规格和性能的挤出机、模具及PVC树脂和其他辅料进行调试优化。为提高热稳定剂在树脂中的分散性，前、中期内润滑剂用量较大，为提高制品光亮度，后期外润滑剂用量相应宜多。如相互配搭不当，润滑不平衡，熔体处于非最佳塑化状态，就会产生各类质量缺陷，如粘壁、糊料、光亮度差、滑壁、析出、废品率高、清机周期短、材料发脆、抗冲击强度低、焊角强度不高等问题。

6.2.2.2　润滑平衡试验

有机锡稳定型材是在复合铅稳定型材生产经验的基础上试验摸索生产的。在试验初期，依据物料塑化情况通过以下程序进行了润滑平衡试验：

① 减缓前期塑化，增强后期润滑，建立润滑平衡；

② 通过调整碳酸钙剂量，在确保质量性能前提下，建立新的润滑平衡；

③ 调试模具。

有机锡稳定型材润滑平衡调试配方见表6-8。

表6-8　有机锡稳定型材润滑平衡调试配方

组分	用量/份						
	基础配方	配方二	配方三	配方四	配方五	配方六	配方七
PVC-S-1000	100	100	100	100	100	100	100
有机锡 T-106A	1.2	1.2	1.2	1.2	1.2	1.2	1.2
冲击改性剂 CPE135A	12	12	12	12	12	12	12
细活化碳酸钙	X	X	X	X+5	X+5	X+5	X+5
金红石型钛白粉	6	6	6	6	6	6	6
PA1180 加工助剂	X	X-1.1	X-1.1	X-0.7	X-0.7	X-1.1	X-1.1
石蜡	X	X+0.5	X+0.5	X+0.5	X+0.5	X+0.1	0
RL165 蜡（熔点71℃）	0	0	0	0	0	0	0.16
硬脂酸钙	X	X 0.1	X-0.1	X-0.1	X	X+0.1	X+0.1
P-30 复合润滑剂（氧化聚乙烯蜡）	X	X-0.1	X-0.1	X-0.1	0	0	0
普通聚乙烯蜡	0	0.3	0.3	0.3	0.3	0.2	0
A-C617A 聚乙烯蜡	0	0	0.2	0	0.3	0.4	0.5
AP 聚乙烯蜡（熔点105～115℃）	0	0	0	0.2	0	0	0
P-309（低酸值氧化聚乙烯蜡）	0	0	0	0	0.7	0.7	0.7
单硬脂酸甘油酯（GMS）	0	0	0	0	0	0.15	0

基础配方试验时，出现主机电流偏高。通过排气孔观察到：物料紧贴螺杆，呈轻微黏附机筒壁形态；挤出型坯软弱下垂，内壁无光泽，材质粗糙，

外壁不光滑，颜色微黄。分析判断为挤出初期塑化过度，后期外润滑不足。在调整挤出机螺筒设定温度的同时，为减缓前期塑化，依据塑化程度，渐次减少加工助剂 0.2～1.1 份，P-30 复合润滑剂 0.1 份，效果不明显。为此，逐步增加石蜡至 0.4 份，并为提高型材光亮度，增加普通聚乙烯蜡 0.3 份，形成配方二。

试验证明，配方调试思路是正确的，因为可以观察到：主机电流呈渐次下降趋势，物料黏附机筒壁形态得到改善，物料基本呈橘皮状，螺槽底部没有粉料存在，塑化基本恢复正常，型坯挤出口模 3cm 后才下垂，质地光滑。但挤出型材内壁依然存在麻点，颜色发乌，光洁度差。分析判断为后期外润滑欠缺。因此，增加 AC617A 聚乙烯蜡 0.2 份，形成配方三。

接下来，为降低配方成本，增加碳酸钙 5 份；为促进塑化，增加加工助剂 0.4 份；为进一步提高产品光亮度，增加 AC617A 聚乙烯蜡 0.2 份。经配方再次调整后，挤出型坯内壁光洁度已趋好转，但仍不甚光洁。用 AP 聚乙烯蜡取代 AC617A 聚乙烯蜡，形成配方四。

因为配方四的挤出型坯外观明显好转，光洁度已达到理想程度，因此开始调试模具。模具调试至出料均匀后，即进行力学试验。试验表明，10 个型材样件 1.5m 落锤冲击一个不破，进一步将冲击高度提高到 1.56m，并冷却到 −13℃，落锤冲击依然一个不破；平开框与平开扇焊接最小破坏力值分别为 4403N 和 5220N；尺寸变化率分别为 1.69%、1.84% 和 1.85%、1.97%，两尺寸变化率差值分别为 0.03% 和 0.12%。

调试至此可以认为配方组分已趋于合理，因此，在生产稳定一段时间后进行了送样检验。经国家测试中心对 60 平开框和 60 平开扇检验，型材质量性能均达到国家标准指标。

6.2.2.3 析出问题处理

经以上质量测试验证，调试过程中的有机锡稳定型材与同类型材相比，质量达到最好水平。然而，经正式运行 24h 后，口模和定型模出现了析出，制品表面划痕严重，对型材外观质量影响很大。

对于型材挤出加工，仅在短时间内润滑平衡，可挤出内外质量良好产品的配方还不一定能用于实际的长时间生产。这是因为，在短时间内不会导致问题的润滑剂微量过剩或不足，都会给实际的长时间生产造成困难。若润滑剂微量过剩，随挤出时间延长积累，过剩的润滑剂（有时可能还夹带其他组分）便会析出黏附在口模或定型模内壁上（即压析），影响外观和光洁度；反之如润滑剂微量欠缺，随挤出时间延长，部分润滑剂消耗殆尽后，型材不但光洁度降低，而且还会在通过定型模时产生划伤，划出物黏附在定型模内壁上，即为"黏附"。

　　口模析出和定型模黏附是两个完全不同性质的概念，出现部位也有所不同，前者主要发生在口模，并由口模延伸至定型模，由析出物影响制品外观和光洁度；后者仅出现在定型模部位，由制品外壁产生的划出物滞留在定型模内壁上，口模很少发生。但两者的表现形式极为相似，很容易混淆。

　　经认真分析，基于本次试验采用外滑剂总量在 2 份以上，口模有析出物，排除了型材出现划痕是外润滑微量欠缺所致。因此基本锁定了定型模发生黏附的原因为外润滑过剩导致的压析。

　　为解决压析问题，通过以下程序重新调试了配方。

　　(1) 更换润滑性能更好的内外润滑剂，以减少润滑剂总量。

　　(2) 采用熔点较高的石蜡置换低熔点石蜡，以减少石蜡用量。

　　(3) 采用进口氧化聚乙烯蜡（OPE 蜡）置换国产的普通 PE 蜡，以消除压析。

　　(4) 进一步精修模具，实现长周期生产优质型材。

　　再次调试配方时，采用润滑性能更好的 P-309 取代了 P-30，减少石蜡 0.2 份，将润滑剂总量降低了约 0.8 份。可能因石蜡用量少，扭矩提高，主机电流由 46A 上升至 50A，虽然物料塑化度和制品外观变化不大，但内壁不光滑和外壁有断裂现象。为此，将石蜡用量复原。这时，主机电流重新下降至 46A，真空孔物料塑化良好，但内筋依然不光滑。为减缓前期塑化，提高后期塑化，减少硬脂酸钙 0.09 份，P-309 由 0.7 份减至 0.6 份，AC617A 聚乙烯蜡由 0.2 份加至 0.25 份。此时型材出现内筋不连，外壁和内壁依然不亮的现象，表明前期塑化太慢，而后期外润滑依然不足。再增加加工助剂 0.2 份，硬脂酸钙恢复原用量，AC617 聚乙烯蜡由 0.25 份增至 0.3 份，P-309 由 0.6 份恢复为 0.7 份。经生产试验：物料塑化良好，内壁光洁度提高，但内壁呈现不稳定流动波纹。对于这种现象，原判断为物料或熔体分散不均所致。因此，进行了工艺调整，情况有所好转，但仍不理想。为此，增加单硬脂酸甘油酯 0.1 份，AC617A 聚乙烯蜡由 0.3 份减至 0.2 份。这时，内壁不平整略有改观。为进一步促进塑化，提高分散性能，追加单硬脂酸甘油酯 0.05 份。这时，内壁波纹消失。配方五由此形成。

　　但是，配方五经一段时间运行后，依然有微量压析。为此，将石蜡一次减至 0.2 份，PA1180 加工助剂减少 0.4 份，AC617A 聚乙烯蜡增至 0.4 份，形成了配方六。经试验，物料塑化良好，型材内外壁光洁度亦高，成型尺寸未发生变化，但微量压析仍未消除。为此，又采用熔点为 71℃ 的 RL-165 蜡置换普通石蜡，用 AC617A 聚乙烯蜡置换 PE 蜡，取消单硬脂酸甘油酯，形成配方七。试验表明，通过采取分步加料混料，并依据熔体流动变化情况进一步精修模具，配方七可用于长期生产运行，不会出现压析现象。

6.2.2.4 小结

润滑平衡是有机锡稳定型材良好塑化的前提。有机锡热稳定剂为非复合热稳定剂，无润滑性能，以其稳定的配方中就要适量多添加内润滑剂。据笔者收集行业同类配方，硬脂酸钙大致均在 0.8 份左右，原因可能就在于此；要提高型材表面光亮度，配方中要适当多添加外润滑剂。若内外润滑配搭不当，又会因析出或黏附影响制品外观质量。本案例前期试验主要围绕塑化和润滑平衡工作，忽视了压析，后期工作重点是解决压析，重新调整配方，优化挤出、内外润滑平衡。

总结实践经验，以下技术方案对于解决型材润滑平衡和压析问题应有参考借鉴价值。

① 降低润滑剂总量，尤其减少石蜡用量是解决压析的主要途径。

② 石蜡有消除挤出塑化粘壁的作用，单纯减少石蜡，会增加扭矩和电流，型材内壁泛黄，内筋毛糙。采用高熔点沙索蜡 P39、霍尼韦尔 RL-165蜡或熔点为 75℃精炼石蜡分别置换原有普通石蜡，是消除压析的最佳选择。

③ 适当减少加工助剂，增加后期外润滑剂也可以部分取代石蜡，减缓前期"过塑化"。试验初期在降低石蜡和加工助剂情况下，之所以未能成功，主要原因是后期外润滑欠缺所致。

④ 在硬脂酸钙存在的条件下，用硬脂酸取代石蜡亦可以发挥内外润滑平衡作用；

⑤ 普通 PE 蜡质量差别大，当石蜡完全被取代后，仍有压析时，改用后期外润滑作用更强的 A-C617A 蜡，也不失为解决压析的可选途径。

⑥ 碳酸钙活化处理不当也会影响型材压析，当采取各种措施后压析仍未能消除时，可查看是否是碳酸钙所致。

参 考 文 献

[1] Pedersen T C. Process and material considerations in the industrial application of lubricants in rigid PVC extrusion. J Vinyl Technol，1984，6（3）：104-109.

[2] 怀特 E L. 聚氯乙烯大全，第二卷. 黄锐，曾邦绿，刘忠仁等译. 北京：化学工业出版社，1985. 701-707.

[3] Ditto P E. Rigid PVC lubricants-an empirical viewpoint. J Vinyl Technol，1982，4（3）：124-127.

[4] 杨忠久. 有机锡型材挤出塑化、润滑平衡优化与析出调整. 门窗，2011，（9）：51-57.